U0624642

水利工程建设
与项目施工管理分析

王晨光　张效鑫　王　磊　主编

吉林科学技术出版社

图书在版编目（CIP）数据

水利工程建设与项目施工管理分析 / 王晨光，张效鑫，王磊主编 . -- 长春 : 吉林科学技术出版社，2024.
6. -- ISBN 978-7-5744-1517-1

Ⅰ . TV

中国国家版本馆 CIP 数据核字第 2024JD4240 号

水利工程建设与项目施工管理分析

主　　编　王晨光　张效鑫　王　磊
出 版 人　宛　霞
责任编辑　王宁宁
封面设计　周书意
制　　版　周书意
幅面尺寸　185mm×260mm
开　　本　16
字　　数　130 千字
印　　张　8
印　　数　1~1500 册
版　　次　2024年6月第1版
印　　次　2024年12月第1次印刷

出　　版　吉林科学技术出版社
发　　行　吉林科学技术出版社
地　　址　长春市福祉大路5788 号出版大厦A 座
邮　　编　130118
发行部电话/传真　0431-81629529 81629530 81629531
　　　　　　　　　81629532 81629533 81629534
储运部电话　0431-86059116
编辑部电话　0431-81629510
印　　刷　三河市嵩川印刷有限公司

书　　号　ISBN 978-7-5744-1517-1
定　　价　49.00元

PREFACE 前　言

近年来，国家加大了水利基础设施的建设力度，投资兴建了大量的水利水电工程，给水利行业带来了更多的机遇。当前，水利工程处于快速发展和变化的时期。随着建筑市场管理力度的加强和先进技术的推广和应用，工程建设管理水平有了很大的提高。但是，因从业人员业务水平参差不齐，建设管理仍存在诸多问题。为了更好地适应水利工程建设现代管理的要求，本书依据新的建设管理规范条例，着重解决施工中的实际问题，突出重点，从项目建设管理的角度，从立项到竣工验收，明确讲述各环节的工作要点及方法。

水利工程是国民经济的基础设施，是水资源合理开发、有效利用和水旱灾害防治的主要工程措施。在解决我国水资源短缺、洪涝灾害、环境保护、水土流失等问题中，水利工程的建设起到了无可替代的作用。水利工程施工是按照设计提出的工程结构、数量质量、进度及造价等要求修建水利工程的工作。水利工程的运用、操作、维修和保护工作，是水利工程管理的重要组成部分。水利工程建成后，必须通过有效的管理才能实现预期的效果，才能验证原来规划、设计的正确性；工程管理的基本任务是保持工程建筑物和设备的完整、安全，使其处于良好的技术状况；正确运用水利工程设备，以控制、调节、分配、使用水资源，充分发挥其防洪、灌溉、供水、排水、发电、航运、环境保护等效益。做好水利工程的建设与管理是发挥水利工程功能的鸟之两翼、车之双轮。

本书主要介绍了水利工程施工建设与管理方面的基本知识，包括水库规划与调度、水利工程施工管理、水利建设项目造价控制管理、水库大坝运行管理等内容。本书突出了基本概念与基本原理，在写作时尝试多方面知识融会贯通，注重知识层次递进，同时注重理论与实践的结合。希望可以为广大读者提供借鉴或帮助。

由于作者水平有限，加之时间仓促，书中难免有不尽如人意之处，欢迎各位读者积极批评指正，作者会在日后进行修改，使之更加完善。

CONTENTS 目　　录

第一章　水库规划与调度

第一节　水库工程规划

一、工程规划任务

水利工程规划建设首先要了解所在流域的流域规划、水资源开发利用规划、防洪规划等，分析现有水利工程情况、地区社会经济状况，社会经济发展规划、工程建设的必要性，明确工程开发的目的和任务。

工程开发的目的一般是满足上、下游或周边提高防洪标准、增加供水等的要求。通过完善配套水利设施，控制洪水、调节水利资源，达到安全和发展的目的。工程开发的作用一方面取决于水文现象，另一方面取决于自身的规模。水文现象包括径流、洪水等，有其自然的能量变化规律；工程规模依赖于自然地理条件和经济能力。

在确定工程的任务时，要考虑对上、下游的影响，分析制约因素，确认边界条件。根据水文、地形地质条件，通过与其他工程进行对比，对工程的位置、作用、规模等有一个初步总体概念，对项目做出一个类型分解和系统组成的科学、客观的评价，与业主交流在整体方案构成上达成共识，赋予工程能够承担的任务，从而在水文分析和工程规划的具体工作中才不会漫无边际，合理确定工作范围，科学拟定规模指标等，提高工作效率。

工程的任务一般包括防洪、供水、灌溉、生态、环境、通航等。多数有综合利用要求，以其中一至两项为主，兼顾其他。

二、水文分析

分析确定所需要的水文资料，进行相关水文资料收集。

根据工程任务和上、下游工程情况等，在流域规划范围内，进行工程规划与设计，涉及水文气象、其他工程等的有关资料，确定资料类别、系列等。

(一)径流计算

计算断面或控制站的径流分为实测径流和天然径流,实际测到的径流为实测径流,流域产生的总径流为天然径流。实测径流分为历年、月或旬系列,受上游水利工程拦蓄、调节、引用引进等影响,不同时期由于开发利用工程变化影响程度的不同而不同。规划水平年的影响程度又是另一种情况,因此为了分析排除以往的影响以及规划水平年同一影响水平下的径流,在进行系列分析时需要对径流资料进行一致性处理,通过还原计算得到天然径流系列,通过分析规划水平年同等程度的影响扣除,计算得到规划水平年有效径流系列。

能够得到的实测系列只是历史系列中的很小一部分,由于系列长度有限,在进行系列分析时,作为样本的系列必须具有较好的代表性,才有可能较好地反映系列真实的自然规律。系列中一般应包括丰、平、枯水年份。

有系列资料时,通过系列特征值统计、频率分析计算不同频率的径流。

缺乏系列资料时,用"参证站"的径流类比或图集查算。根据汇流面积、径流深等进行必要的修正。

(二)洪水计算

产生暴雨洪水的天气系统不同,不同地区因地理位置、流域下垫面条件的不同,导致洪水在不同地区出现的时间有差异,洪水特性(包括过程持续时间、峰量分布等)也不同,洪水计算根据资料情况可采用不同的方法:

(1)由流量资料推求设计洪水。先求符合一定频率的设计洪峰流量和时段设计洪量,然后通过典型缩放得到一个完整的设计洪水过程线。

(2)由暴雨资料推求设计洪水。假定暴雨与对应的洪水同频率,先推求设计暴雨,经流域产流计算与汇流计算,求得设计洪水。

(3)由气象资料推求设计洪水。根据天气形势和风速、露点、降水等气象资料,分析和推求可能最大暴雨,然后经流域产流与汇流计算求出可能最大洪水。

(三) 水能计算

根据天然来水和水库的调节库容等资料,可以计算出水电站的保证出力和多年平均年发电量等水能指标。以发电为主时再根据设计水平年电力系统的负荷发展要求,进行技术和经济等方面的分析,确定水电站的正常蓄水位、死水位和装机容量等主要参数;以供水、灌溉等为主兼顾发电的水库工程,水库的正常蓄水位、死水位等先根据相应目标效益进行技术和经济等方面的分析确定。计算内容一般有:

1. 水电站的设计保证率

可以用水电站正常发电的总时段与计算总时段相比的百分率表示。时段长短可以根据水库调节性能和设计需要按年、月、旬、日分别选用。水电站设计保证率的选用,应主要根据水电站所在电力系统的负荷特性,系统中水电容量的比重,并考虑水库调节性能,水电站的规模及其在电力系统中的作用等因素,根据《水电工程动能设计规范》(NB/T 35061—2015)确定。在电力系统中水电容量比重占50%以上的大中型水电站,其设计保证率可达95%~98%;在电力系统中水电容量比重在25%以下的中小型水电站,其设计保证率约为80%。

2. 水电站的保证出力

可以利用已有的全部水文资料,通过径流调节计算,求出每年供水期的平均出力,然后将这些出力值按大小次序排列,绘制其出力保证率曲线,在该曲线中相应于设计保证率的平均出力,就是水电站的保证出力。

3. 水电站的多年平均发电量

通常可根据入库天然流量系列资料,利用水库进行径流调节,按水电站的发电量计算公式,算出各年的发电量,再取其平均值,就是水电站的多年平均发电量。

4. 水电站的装机容量

水电站的装机容量指水电站厂房内所有机组额定容量之和,是由设计的工作容量、备用容量和重复容量组成的。工作容量指水电站按保证出力运行时对电力系统所能提供的发电容量。备用容量包括:

(1) 负荷备用容量,是担负电力系统一天内瞬时的负荷波动和计划外的负荷增长所需要的发电备用容量；

（2）事故备用容量，是电力系统中发电设备发生事故时，保证正常供电所需要的发电备用容量；

（3）检修备用容量，指电力系统中全部机组按年检修计划所必须增设的发电容量。重复容量指调节性能较差的水电站在汛期内产生较多弃水时，为了节省火电燃料，增发季节性电能而额外增设的发电容量。水电站装机容量一般根据电力系统的电力电量平衡方法求出，某些小型水电站可以采用装机容量年利用小时数法或保证出力倍出法求出。

5. 水电站的正常蓄水位

水电站的正常蓄水位直接关系到水利枢纽的规模、水工建筑物及有关设备的投资、综合利用各部门的效益、水库的淹没损失和地区经济发展等重大问题。在一般情况下，随着正常蓄水位的抬高，水库的调节流量、水电站的保证出力、多年平均年发电量和其他综合利用效益均将增加，以及水工建筑物的工程量及其投资和水库淹没的损失等也将随之增加。因此，可以根据水利动能经济比较准则，结合社会、技术等多方面因素综合分析，在许多方案中选出最有利的正常蓄水位。

6. 水电站的死水位

水电站的死水位是在正常运用的情况下，允许水库消落的最低水位。水库在运行过程中，从正常蓄水位下降至死水位之间的垂直距离，称为水库消落深度。在正常蓄水位一定的情况下，当死水位降低或水库消落深度增大，可以获得较大的兴利调节库容，较多的调节流量和较大的水电站保证出力，但随着死水位的降低，水电站的平均水头减小和多年平均年发电量将可能减少，水电站的受阻容量和进水口、引水建筑物的投资可能有所增加，因此也可以根据水利动能经济比较准则以及其他因素，从比较方案中选出最有利的死水位。

三、边界条件与规划调节

（一）水位库容关系的分析及使用

水位库容关系根据实测地形计算，以建库时自然地形计算成果为原始库容，运行多年后水库发生淤积，有效库容减小，由实测库区地形计算的淤积库容为扣除淤积后的库容。因此，库容曲线实际上是逐年变化的。

规划水库工程一般根据设计水平年，运行年限考虑一定的淤积年限，计算淤积库容，分析淤积分布，得到设计淤积年限后的库容曲线，并根据淤积库容曲线进行调节计算。

水库的调节能力与库容大小有关，受库容曲线影响，需要分析采用相应时期的库容曲线，从而得到合理的防洪、兴利调节计算结果。

水库淤积后实测的库容曲线与原始库容曲线进行对比，分析变化情况及合理性，一般下部产生淤积较大，上部淤积较少，死库容、兴利库容减少较多，防洪调节库容减小较少或影响不明显，不同年代来沙量受洪水大小、流域植被情况变化影响而不同，淤积量与来沙量大小及调度运行方式有关。

(二) 蒸发与渗漏损失

1. 蒸发

蒸发分为水面蒸发与陆面蒸发，蒸发量通过蒸发皿观测，可以换算为水面蒸发，不同蒸发皿、不同地区换算系数不同。流域总蒸发量可根据降雨量、径流量计算，依据流域总蒸发量和陆面、水面面积比例分析计算陆面蒸发量。

在工程规划设计及运行中，考虑蒸发损失进行调节计算时，分析径流系列的蒸发影响一致性，需结合工程具体情况进行蒸发损失量计算。如新建水库，用天然径流调节时，径流系列已经计入原流域陆面及水面蒸发，只需计算库面由陆面变为水面的蒸发增量。对水库运行中反推的入库径流，反推计算时按水面蒸发计入损失，用于调节计算时，也应按水面蒸发损失水量扣除。计入与扣除保持一致。

引水调蓄工程的蒸发损失考虑从外部引水为净水量，没有蒸发因素在内，一般按水面蒸发计算蒸发损失量。

2. 渗漏

规划新建水库渗漏量根据坝址及库周地形地质条件分析渗漏量，考虑坝基坝肩等工程处理措施确定渗漏损失，或与已建水库进行对比分析确定。

已建水库有实际渗漏观测资料，运行多年以后渗漏量基本稳定，可分析水位渗漏量关系，用于水库调节计算时的渗漏损失量计算。

(三) 水库淹没及浸没

水库规划需考虑淹没及浸没影响。

淹没通常分为经常性淹没和临时性淹没两类。一般正常蓄水位以下的库区，由于经常被淹，且持续时间长，因此在此范围内的居民、城镇、工矿企业，通信及输电线路、交通设施等大多需搬迁、改线，土地也很少能被利用；正常蓄水位以上至校核洪水位之间的区域，被淹没概率较小，受淹时间也短暂，可根据具体情况确定哪些进行迁移，哪些进行防护，区内的土地资源大多可以合理利用。所有迁移对象或防护措施都将按规定标准给予补偿。此补偿费用和水库淹没范围内的各种资源的损失统称为水库淹没损失，计入水库总投资。

水库淹没范围的确定，应根据淹没对象的重要性，按不同频率的入库洪水求得不同的库水位，并由回水计算结果从库区地形图上查得相应的淹没范围。淹没范围内淹没对象的种类和数量，通过细致的实地调查取得。在多沙河流上，水库淹没范围还应计及水库尾部因泥沙淤积水位壅高及回水曲线向上游延伸等的影响。

浸没是库水位抬高后引起库区周围地区地下水位上升所带来的危害，如可能使农田发生次生盐碱化，不利于农作物生长；可能形成局部的沼泽地，使环境卫生条件恶化；可能使土壤失去稳定，引起建筑物地基的不均匀沉陷，以致发生裂缝或倒塌。水库周围的浸没范围一般可采用正常蓄水位或一年内持续两个月以上的运行水位为测算依据。

淹没和浸没损失不仅是经济问题，而且是具有一定社会和社会影响的问题，是规划工作中的一个重要课题。

(四) 兴利调节

水库对径流进行调蓄，改变径流的时间分布，从而满足不同的用水需求，一般的兴利目标包括生活用水、工业供水、农业灌溉、河道生态用水等。不同国标用水要求保证率不同，水库需要划分相应的库容，协调各部门的用水关系，通过来、用水调节计算确定不同供水目标的供水能力和相应的控制水位。在径流量库容、投资、必需的供水量等一定的边界条件下确定工程规模和效益。

1. 多目标调节

多供水目标根据要求供水保证率不同，分别设置相应的限制水位进行调节计算，满足各目标供水保证率要求，得到相应的供水量。

2. 多水源联合调节

当由多水源联合供水时，某一供水目标对优先利用水源先进行调节，得到相应供水量及过程，根据需水量及过程求得需要其他水源供水的过程，再对剩余水源进行调节，各水源总供水量及过程之和为该供水目标的可供水情况。水源的可利用量需要根据实际情况和有关发展规划合理确定。

如水库引水、当地地表水、地下水等共同为全区灌溉供水，即多水源联合调节。根据不同水源，进行相应分析，计算当地地表水利用供水过程，地下水利用供水过程，水库调节计算确定规模及供水过程。

3. 兴利调节类型

(1) 按调节周期长短划分：

① 日调节。在一昼夜内，河中天然流量一般保持不变（只在洪水涨落时变化较大），而用户的需水要求变化较大，即在一昼夜里某些时段内来水有余，可蓄存在水库里；而在其他时段内来水不足，水库放水补给。这种径流调节，水库中的水位涨落在一昼夜内完成一个循环，即调节周期为24h，故称为日调节。

日调节的特点是将均匀的来水调节成变动的用水，以适应电力负荷的需要。所需要的水库调节库容不大，一般小于枯水季节日来水量的一半。

② 周调节。在枯水季节里，河中天然流量在一周内的变化也是很小的，而用水部门由于假日休息，用水量减少，因此可利用水库将周内假日的多余水量蓄存起来，在其他工作日用。这种调节称为周调节，它的调节周期为一周，所需的调节库容一般不超过一天的来水量。周调节水库一般也可进行日调节，这时水库水位除一周内的涨落大循环外，还有日变化。

③ 年调节。在一年内，河川流量有明显的季节性变化，洪水期流量很大，水量过剩，甚至可能造成洪水灾害；而枯水期流量很小，不能满足综合用水的要求。利用水库将洪水期内的一部分（或全部）多余水量蓄存起来，到枯水期放出以提高供水量。这种对年内丰、枯季的径流进行重新分配的调

节就叫作年调节，它的调节周期为一年。

水库的兴利库容能够蓄纳设计枯水年丰水期的全部余水量时，称为完全年调节；若兴利库容相对较小，不足以蓄纳设计枯水年丰水期的全部余水量而产生弃水时，称为不完全年调节或季调节。这是规划设计中划分水库调节性能所采用的界定。必须指出，从水库实际运行看，这种划分是相对的，完全年调节遇到比设计枯水年径流量更丰的年份，就不可能达到完全年调节。年调节水库一般可同时进行周调节和日调节。

④ 多年调节。水库容积大，丰水年份蓄存的多余水量，不仅用于补充年内供水，而且可用于补充相邻枯水年份的水量不足，这种能进行年与年之间的水量重新分配的调节，叫作多年调节。这时水库可能要经过几个丰水年才能蓄满，所蓄水量分配在几个连续枯水年份里用掉。因此，多年调节水库的调节周期长达若干年，而且不是一个常数。多年调节水库，还会进行年调节、周调节和日调节。

(2) 按两水库相对位置和调节方式划分：

① 补偿调节。水库至下游用水部门取水地点之间常见有较大的区间面积，区间人流显著而不受水库控制，为了充分利用区间来水量，水库应配合区间流量变化补充放水，尽可能使水库放水流量与区间入流量的合成流量等于或接近于下游用水要求。这种视水库下游区间来水流量大小来控制水库补充放水流量的调节方式，称为补偿调节。

② 梯级调节。在同一条河流上多座梯级水库的特点是水库之间存在着水量的直接联系（对水电站来说有时还有水头的影响，称为水力联系），上级水库的调节直接影响到下游各级水库的调节。在进行下级水库的调节计算时，必须考虑到流入下级水库的来水量是由上级水库调节和用水后而下泄的水量与上下两级水库间的区间来水量两部分组成。梯级调节计算一般自上而下逐级进行。当上级调节性能好，下级水库调节性能差时，可考虑上级水库对下级水库进行补偿调节，以提高梯级总的调节水量。对梯级水库进行的径流调节，简称为梯级调节。

③ 径流电力补偿调节。位于不同河流上但属同一电力系统联合供电的水电站群，可以根据它们所在流域的水文特性及各自的调节性能差别，通过电力联系来进行相互之间的径流补偿调节，以提高水库群总的水利水电效

益。这种通过电力联系的补偿调节就叫作径流电力补偿调节。

④反调节。为了缓解上游水库进行径流调节时给下游用水部门带来的不良影响，在下游适当地点修建水库对上游水库的下泄流量过程进行重新调节，称为反调节，又称为再调节。河流综合利用中，经常出现上游水库为水力发电进行日调节造成下泄流量和下游水位的剧烈变化而给下游航运带来不利影响；水电站年内发电用水过程与下游灌溉用水的季节性变化不一致，这时修建反调节水库有助于缓解这些矛盾。

4. 径流调节计算所需基本资料

为完成径流调节计算任务所需的基本资料有以下几种：

（1）径流资料，调节计算所需的径流资料，随调节程度的高低有不同要求。日调节和周调节需要有 10 年左右的历年日平均流量资料；年调节需要有 20 年以上的历年月平均流量和汛期旬平均流量资料；多年调节需要 30 年以上的年、月径流资料，以及年径流频率曲线和统计特征值资料。

（2）水库特性资料，即水库水位与水库面积、容积关系曲线。

（3）用水资料，包括各部门正常用水保证率、正常用水量及其分配过程。

（五）防洪调节

根据工程控制流域面积，在上、下游的地位，流域规划可以基本确定其具有的调节能力和可以发挥的防洪作用，水库在调蓄洪水减轻下游洪水威胁的同时，也存在自身的防洪安全问题。根据下游的防洪需要及自身规模相应的防洪标准，对设计洪水进行调节计算，在满足下游和自身安全的目标之间平衡选定运行方式和水库防洪特征水位，通过投资、效益分析确定工程规模。

防洪目标及标准合理确定，工程承担的任务与位置及调节能力有关，因此其作用是有限的。往往需要与其他工程措施配合，共同满足上、下游防洪要求。

按水库位置在防洪工程体系中的作用，分为单库防洪调节、库群联合调节等，不同水库调度运用方式不同，联合调度共同满足上、下游防洪要求。还有与分、滞洪区联合运用等，情况比较复杂，需具体问题具体对待。

规划防洪调节由设计洪水、库容曲线、拟定泄流方式进行洪水调节计算，根据防洪目标任务确定相应重现期洪水标准的泄流要求，从而确定相应的防洪水位，进而调算设计洪水位，确定坝顶高程等。

已建水库防洪能力复核时，根据设计洪水、库容曲线、泄流方式核算各重现期洪水位，符合坝顶高程安全性。

四、方案比选

水库调度运用方式：水库工程规划时，根据径流、洪水和水库库容曲线，以及泄流条件等基本资料，考虑目标任务、作用效益、规模、投资，淹没、征迁等因素，结合特征水位选择，综合分析比较后确定。

对于一个坝址，库容曲线是一个确定的已知条件，库容变化决定了调蓄性能。

径流过程的年际及年内分配情况与水库供水能力有直接关系，兴利调节时供水类别与过程、径流过程与库容之间相关联。

设计洪水过程会对水库防洪调节产生影响，洪水调节计算时，根据坝址区地形、地质条件，拟定可行的泄水建筑物的布置方案，泄流能力和泄流曲线不同，对水库调节洪水的能力有直接关系。

泄流方式的拟定：根据水库位置，分析在河网水系中的地位与作用，以满足下游防洪要求为目标，根据设计洪水过程，考虑水库对洪水的控制和下游响应效果，分析作用特点，采用不同的泄流方式。

确定工程规模：通过分析泥沙淤积量及其分布，考虑供水取水需要，初步确定死库容及死水位。拟定不同的正常蓄水位方案，根据兴利目标进行调节计算，分析供水量和保证率等满足规范要求；拟定泄流建筑物堰型、堰顶高程、堰宽，结合兴利调节拟定汛限水位，根据泄流方式进行洪水调节计算，得到不同正常蓄水位、汛限水位、设计洪水位等的工程方案，估算工程量及投资金额。

多方案分析对比，对各方案的效益、投资进行比较，最后选定工程规模。

其他蓄滞洪工程如湖泊、分滞洪区，挡水防潮工程如闸、坝、堤防、防洪墙，排水泄洪工程如河道、排水渠、管道、泵站，伴水工程如桥梁、码头，沿河建筑等根据工程特点，同样需要进行方案比选。

第二节　水库调度

一、水库调度的工作内容

水库调度的工作内容可分为规范性和非规范性，非规范性工作是水库管理部门内部或其他部门（如国家防汛抗旱总指挥部、省市防汛抗旱指挥部、所属领导机构防汛单位等），根据实时工作、工程等的需要随机提出的计算、查询、咨询等，其在时间上、内容上不确定性较大。规范性工作主要有：

（1）每日完成水库运行用水计算。

（2）年度及各月来水的中长期预报、年度供水计划。

（3）每月月初及汛期各旬初，做上一月水能计算、下一月来水预报及分析供求计划。

（4）汛前做汛期来水修正预报。

（5）汛期每天完成收、发水情电报。

（6）洪水预报、调度演算，查询有关水情及历史相似情况，提出可行的预报方案。

（7）汛后做汛期工作总结。

（8）修正洪水预报方案。

（9）修正或编制中长期预报方案。

（10）洪水调度评价。

（11）年调度工作总结。

有电站的水库进行发电量计算、效能分析，做调度计划的优化方案评价等。

二、水库调度业务的主要特点

（一）水库调度的主要特点

水库调度的主要特点如下：

（1）水库调度工作项目多，专业性强，工作量大，计算方法复杂。

（2）各项工作间关系性强，往往前一项工作是后一项工作的基础。

（3）水库调度工作所用数据种类较多，数据量大，数据时序性较强。

（4）与外界联系较多，相对独立，随机性工作较多。

（5）随着科学技术的发展，用水（水电厂生产）业务相关部门管理水平的不断提高，对水库调度工作内容及水平将不断提出新的要求。

对各项水情调度业务处理、记录、资料规范化管理，使数据的计算、保存标准化，资料的查询、使用高效、准确、方便，能够及时准确地进行雨水情、水库运行资料的处理，实现水库调度日常业务办公自动化，提高水库调度管理水平。

（二）作用

水库调度的作用如下：

（1）作为省、市及水库调度管理的基础数据和文献信息来源。

（2）工作过程处理自动化、规范化，准确、快速，并由此自动记录有关信息。

（3）资料分析整理，由基本数据库自动生成综合数据。

（三）具体内容

水库调度的具体内容如下：

（1）雨量、水位、蒸发量、工农业用水、闸门启闭记录、通知单等信息的输入、修改、查询。

（2）特性参数的修改。

（3）闸门启闭孔数、开启高度计算，记录生成、通知单填写。

（4）暴雨洪水资料的输入、修改、查询。

（5）水量平衡计算包括蒸发量计算，渗漏量计算、泄水量计算、逐日进库水量、进库流量、出库流量计算，记录生成月、年数据、成果管理。

（6）兴利调节计算包括径流预报、典型年选择、来水过程计算、用水信息输入、调节计算、成果管理等。

三、主要业务分类

洪水预报、调度，汛情自动测报系统已另做专题设计开发，本系统不做考虑。本系统主要包括汛前准备相关业务、汛期值班相关业务、文档管理、水库运行统计、水库运行计划、水库调度工作总结、有关文献规定查询等子系统。

(一) 汛前准备相关业务

汛前准备相关业务主要包括相关信息数据维护，相关信息查询，汛前防汛设备检查维护记录及查询，设备系统运行状态记录及查询，汛前防汛检查及存在问题、解决问题情况和其他信息的统计，相应文档生成。

(二) 汛期值班相关业务

汛期值班相关业务主要包括值班人员管理，值班日记管理，值班主要防汛电话记录，汛期设备运行状态(故障)记录，接收、翻译、整理水情电报，编制、发出水情电报，汛情简报生成，话音水情信息咨询，相关信息数据维护，相关信息查询。

(三) 文档管理

文档管理主要包括相关信息数据维护，相关信息查询，收文管理，发文管理，文档多条件查询，文档打印输出。

(四) 水库运行统计

水库运行统计主要包括运行过程的数据记录(包括时段的水位过程、入库流量、出库流量、出流方式过程)，相关信息数据维护，相关信息查询，逐日各部门(发电)用水计算(效率曲线)，生产日报生成，旬、月、季、年、多年用水(发电运行)统计，统计查询，历史相关信息对照查询。

(五) 水库运行计划

水库运行计划主要包括相关信息数据维护，年、季、月、汛期调度供水计划，相关信息查询，相应报表及文档生成。

(六) 水库调度工作总结

水库调度工作总结主要包括汛前准备情况；汛期主要工作包括主要天

气形势与来水特性、主要来水过程、供水（发电）与水库调度经过各类预报误差的评定、水工建筑物观测、设备运行情况（机组运行情况、经济运行、节能情况）等；汛期大事记，水库防汛指挥部主要决定、主要降雨、洪水调度研究过程、上级防洪调度命令；对洪水预报和调度结果进行评价；主要经验和体会及附表、附图。

（七）有关文献规定查询

（1）对调度通则，洪水调度考评规定等与水库防洪、兴利调度方面有关的条例方法、规则、规定等文档的管理。

（2）对本水库的调度规程，预报方案，调度原则、方式、规则，水情站网布设情况，防洪预案，值班和联系制度等文档进行管理。

四、计划调节

计划调节包括兴利调度、洪水调度，根据实时起始水位和来水过程，考虑用水量损失等，按照水库运行方式进行计划调节，基本公式为水量平衡方程。

在兴利调节计算时，应对整个计划期进行不同方案的对比，力求效益最大化；在洪水调节计算时，需要考虑上、下游和左、右岸的关系，尽可能满足各方面的要求，在保证水库本身安全的前提下，充分发挥供水、发电等效益和防洪作用。

水库的调度运用反映在水位控制上，洪水或供水过程在时间上分布不同，采用分期调度、分期控制、分期分析时，可通过降雨和洪水资料进行，洪水资料的统计可跨期取样，降雨统计时，降雨与洪水相比有超前性；取样时，本身也要跨期，跨期向前、向后的时段长应有区别。

分期（非汛期）洪水统计取样时，可能一场洪水过程跨了分期，统计时段在过程中间，不跨期取样，统计的量值关系不协调，如取到洪峰而没有取到真正的最大 24h 洪量。

（一）依时序进行控制运用的方法

根据暴雨洪水发生的规律，一年之内有一个由小到大再由大到小的变化过程，大小洪水时段之间存在量值渐变的过渡期。在没有研究分期洪水和分期控制汛限水位的水库，或划定有主汛期，但时段较长，防洪控制运用时，由汛期到非汛期过渡的控制指标（如水位）变化较大，不是适时调整控制指标，实际操作效果往往与计划差别很大，由于没有过渡时间，在蓄水兴利和防洪安全两方面显得不够科学。

在防洪调度时，发生一次洪水后，还要准备防御下一次洪水，下一次洪水的大小将影响到控制水位的采用，如果整个汛期或较长一段时间内总要维持一个汛限水位，防御最大设计洪水，对蓄水很不利。

依据洪水的季节性规律，每年汛期都有一个主汛期，大洪水发生的概率比较大，主汛期前后有过渡期，发生大洪水的次数较少，或者说在整个汛期不同时段发生同一洪水标准的量级不同，某一设计标准的洪水在过渡期比主汛期要小，汛前期和汛后期需要的防洪库容小于主汛期。因此，以防洪、兴利为综合利用的水库调度应充分考虑这一问题，可以对汛限水位分期控制，做到既保证防洪安全，又有利于蓄水兴利。

对水库调度存在的汛限水位的上述设计与运用问题，通过分析洪水规律，按照汛前期、汛后期分别按时序控制的思路，可用频率分析方法推求分期设计洪水，求得不同时段对应的汛限水位。分时段对不同量级的洪水采用相应的控制指标，从而解决实际调度中时刻面临的"以后怎么控制"的问题，在保证防洪安全的同时，合理调度汛前期可用水量，有效利用洪水资源有利于汛后期蓄水。

(二) 水库汛限时段划分和分期控制运用

防洪与兴利之间的矛盾是综合利用水库的一个普遍性问题，如何解决、缓和这一矛盾，实现既可保证防洪安全，又可增加水库兴利效益，是综合利用水库设计和运用中的重要课题。

解决防洪与兴利矛盾的方法之一是依据洪水发生规律，制定分期设计洪水方案，确定分期防洪库容，分期进行洪水调度，分期蓄水，逐步抬高防洪限制水位，使防洪库容与兴利库容科学地结合起来，更好地发挥水库的综合效益。

综合利用水库一般有防洪任务，同时兼顾城市生活、工业供水、灌溉等。为了在保证水库工程和下游防洪安全的同时，提高水库的综合效益，需分析洪水的时空分布规律及水文气象成因，探索洪水发生的自然规律，实现汛期科学调度，缓和防洪和兴利的矛盾。

第三节　规划调节计算方法

一、库群防洪系统联合调节方法

由水库、河段、滞洪区及分汇流节点等工程单元组成的防洪系统，需从全流域角度考虑，进行联合调节，在工程规划时，协调制定调度运用规则；实时运行中，防洪调度需要联合优化调度。大系统防洪体系是多级、多线路组成的树型结构，系统联合调节，需要能够对单元之间的信息反馈与响应进行传递记忆，并能加入实时信息响应机制。

根据各组成单元的产汇流计算成果，确定单元调节方法与参数，进行系统防洪调节。不同单元的计算包括输入合成、调节输出。如河道包括流量叠加、演进，水库包括流量叠加。按运行方式及下游要求调节，分洪闸、进洪闸、蓄滞洪区等按边界条件启用等。

防洪系统数据流结构：单元输入计算、单元调节计算、单元调节成果输出、下序单元信息反馈、上序单元对调节边界条件响应记忆、系统再调节。

二、复式水库调洪计算方法

由于地形条件造成库区水流不通畅，及因库区入流、出流的不同导致库内分区水位差别明显，水库水面不连续，判为非单一水体的情况，视为复式水库。该类型水库库区分为控制区和非控制区两种，可由控制区和非控制区、控制区和控制区组合而成。控制区为有泄流设施，可按运行方式控制启闭设备泄流的分区；非控制区为无泄流设施或运行方式，不可直接控制泄流的分区。

调节计算时，分区水位、连通流量、出流均为未知数，需根据时段初水位及分区入流、水位库容关系曲线、连通分流水位流量关系，水库运行方式等边界条件同步调节进行联合求解。

三、多目标动态兴利调节方法

解决多类用水过程非均匀、非固定限制水位的兴利调节计算问题，可以复核各类供水的可靠性，可以对水库汛限水位、兴利水位方案自动生成进行调节比较再确定。

对于防洪兴利综合利用水库在满足规划防洪标准和供水要求前提下，合理选定各级控制水位，确定适宜的工程规模，可将投资降到最低限度。水库水位库容特性曲线已知，除满足防洪要求外，需确定运用方式外，在拟定泄流曲线和运用方式的条件下，工程规模是由起调水位决定的。通过水库兴利调节，确定汛期限制水位和正常蓄水位。模型为寻求满足供水保证率要求的最低汛期限制水位和正常蓄水位，即经济方案。

对于已建水库的供水可靠性及水资源合理分配利用进行分析，充分发挥效益。

第四节　实时预报调度

一、水文预报

(一) 水文信息的采集

1.动态信息的来源

相对于工程数据，水文、气象，水库运行数据、大坝和闸的监测数据等都是动态的，可分为基本数据和加工处理数据。基本数据是直接测报的数字、图像，如雨量、水位、坝体渗流、位移、闸位等。加工处理数据是通过分析计算得来的，如水库洪水要素、防洪兴利有关数据，效益、发电、供水、径流等，体现为数字、文字、图形、影像等，信息的获取层面包括采集、网络传输、业务处理。相应系统工具可以是雨水情自动测报系统、大坝监测系统、防洪预报调度系统、水库水情调度业务处理系统、系统集成、决策指挥系统等。

2. 自动测报系统的容错监视数据后处理

（1）自测、自报、自处理的自然状态，有个别特性处理。

（2）需增加交互纠错功能。直观的动态记录，包括现时数据和状态数据（图、表），便于监视、掌握水情动态，检查、发现工作异常和信息异常，及时进行处理。工作异常指设备故障和特殊干扰；信息异常指干扰和误差。通过界面的动态信息便于掌握水情的直观变化。应有原始报文记录、异常信息记录，过滤数据记录（报表）的菜单功能，雨量大于分辨率或等于分辨率，不能随时过滤的，在生成报表时处理（如水位波动）。

后处理：数据（水位）是过程性的，除自动记录处理统计外，定时对面临时刻以前的过程数据进行系统的分析和错位，通过判别、过滤、消除误差，得到真实反映物理量变的数据，达到时间定位准确，量值变化客观，为管理提供可靠的原始资料，以便水情计算、调度决策的分析工作。

（二）水文预报系统

1. 信息化与自动化的相辅相成关系

随着社会经济的高速发展，水库在防洪中的地位和作用越来越突出，实现水库洪水预报和调度综合自动化，提高水库的综合利用水平和现代化管理水平，有助于最大限度地发挥水库的防洪和兴利效益。

随着现代科学技术的突飞猛进，通过把计算机技术、通信技术、遥测技术与水文气象科学技术紧密结合，建立水库洪水预报和调度综合自动化系统，达到提高水库的现代化管理水平，发挥防洪和兴利效益的作用，是水库控制运用的发展趋势。

2. 为专家辅助决策支持系统提供支持

（1）运用现代化网络通信和信息处理技术，通过数据库和知识库查询检索大量有关的历史和实时水情、雨情、工情信息，经专家群体分析综合，吸取其中最有价值的内容，以丰富扩展专家群体智慧，深化定性分析。

（2）将会商提出的调度方案、抉择、数据等各种信息，与计算机仿真模拟技术结合起来，对水情变化和调度预案反复进行定性、定量分析，迅速做出较精确的汛情发展趋势判断和调度决策方案。

（3）便于全面、准确、如实、动态地把握水雨情变化和洪水环境，审定所提方案的适用性，并不断予以调整，找出最佳方案。

（4）及时利用现代化信息网络，快速反馈方案实施过程中遇到的问题与新情况，迅速调整各种模型、方案、数据，预测新的效果，再提供新的最佳决策。

（5）有助于发挥专家经验和知识的作用，激发其创造性思维，对调度中的关键问题进行分析判断，选择合理和科学的决策。

3. 信息数据库

水文预报和水库调度工作归总起来，无论是方法模型研制还是具体的运行操作，都是对历史及实时相关数据信息的归纳、演算和总结，水库调度各项工作的实现是以数据为基础的。

数据库能全面、准确和及时地从大量数据中获取所需要的信息，功能需要完善。

增强系统功能，改进操作和运行性能，便于信息生成、维护，有利于资料的分析和研究应用，提高工作效率，达到信息的准确全面，提高依据的可靠性，分析成果的合理性、决策的科学性。

无论什么预报模型都有预报误差，预报系统应考虑如何方便地进行实时修正，没有采用实时校正方法与技术的会使预报精度受限，难以很好地满足防洪兴利自动化的要求。

管理工作、设计工作、研究工作都是与信息打交道的，管理工作本身既是应用信息的过程，又是生产加工信息的过程，利用现代先进技术手段是保证信息质量的关键，各类自动化系统为信息化服务，是生产信息的先进手段，信息化网络作为信息的包装传输，采集是基础层，业务处理是加工层，系统集成是展示层，决策指挥是应用层，网络是工具。以上构成信息化系统，业务处理是其中的重要组成部分。

系统功能要足够完善，除一般性的处理功能外，需结合水利工作实际，如要解决数据采样时间协调性问题，能在时间上准确取值，保证量值的真实性，具有识别模式排除异常和干扰信号等，具有良好的容错、纠错性能，支持应用人员的监控与交互，系统地反映对象的情况变化等。

对于工程管理中专业性强、数据量大、种类多、涉及面广的工作，如水库水情调度业务处理等，实现从手工向自动化过渡，提高工作效率，提高信息的可靠度。系统设计开发要高起点，应用国内外最新研究成果和技术，保证手段和工具的先进，使系统更好地服务于实际工作，从应用角度考虑业务特点和习惯，将设计思想、功能结构与应用者的实践经验相结合，保证其实用性，能够处理正常和特殊情况下的具体作业，适应不同层次人员的使用要求，满足工作人员和领导的需要。实现智能化、人性化设计，具有可操作性和友好界面，方便且直观的体现以人为本的工作理念，根据实际工作流程，与人的思维协调，提供必要的中间进程和阶段性信息。

(三) 径流预报

径流预报考虑上游调蓄、引水工程，进行流域径流预报和调蓄工程调节引水影响分析，预报分析内容包括以下几个方面：

(1) 区间径流预报。根据径流系列资料、气象资料等，采用不同的预报模型进行径流上和过程预报，如时间序列法、模糊单要素推理法、相关分析以及不同因素数的回归模型等。如果预报年径流，可再选典型年进行年内分配，也可直接预报月径流。综合分析预报成果，确定采用进行调节计算的预报径流过程，预报结果可以是一个区间范围。

(2) 上游水库来水与其上游流域来水及前期蓄水有关。可以先径流预报和生活、工业、灌溉等用水对上游水库进行调节计算得到弃水过程。上游灌溉用水，通过建立灌溉用水与预报区间来水 (降雨) 的关系，计划灌溉用水不采用历史值，而根据预报径流修正灌溉定额，计算用水量过程。

(3) 河道生活、工业等引用水过程，根据取水断面径流过程和用水量大小分析确定。

(4) 区间预报过程加上上游水库来水过程得到入库径流。

(四) 洪水预报

降雨产生洪水，降雨作为输入，洪水作为输出，二者应是协调的，均可作为单独的系列进行分析，也应进行对比，综合分析结果，合理采用。降雨是直接的自然因素，而洪水是经过地面工程调蓄的，二者对比，降雨更天然、更直接，资料一致性好，而洪水还要考虑工程的变化进行还原，相对比较复杂，不过将降雨换算为洪水时也存在诸多影响因素，时程分配、产汇流参数计算等；在产汇流过程的另一端，洪水又综合反映了各种因素的组合作用，结果是直接影响，从效果上说最直接。

洪水预报一般分为产流预报和汇流预报，产流预报根据降雨量和前期土壤含水量，考虑流域产流特性进行净雨量计算，产流与降雨量、降雨过程、流域植被、地质地形等因素有关。常用的产流计算模型有蓄满产流、超渗产流、蓄满超渗混合，如新安江模型、陕北模型等，还有其他类型的数学模型，在有关材料中介绍得比较详细，在此就不多做阐述。无论哪种方法都要根据实测降雨过程、洪水过程资料进行模型参数率定、识别和模型检验，由于降雨和地面产流条件的复杂性，预报误差总是存在的，应结合流域实际和模型本身对产流预报计算的净雨量进行必要的修正。

如考虑降雨分布，降雨强度、前期土壤含水量的流域分布差异、流域内不同类型产流面积的组成等因素，分析净雨修正方案。

汇流预报计算常采用单位线方法，单元回流以及分布式水文预报模型等。汇流与净雨大小、流域坡降、河网构成等因素有关，不同模型都有完整的理论和方法材料，包括有关因素的分析和指标采用。在此仅对净雨指标进行一些分析和探讨。

1. 次净雨强度指标

流域汇流一般受降雨分布、走向等因素的影响，而净雨强度是影响汇流的一个最直接、最主要因素，流域暴雨洪水预报的汇流计算通常采用单位线方法。单位线是先用实际洪水过程对降雨汇流条件进行分析、实时预报时，由实际降雨汇流条件选择单位线进行汇流计算。对一次净雨过程来说，理想的是用时段单位线进行汇流计算，但实际上难以获得，一般推求的是次洪水单位线。

一次降雨过程的量级通常用时段平均净雨表示，作为影响汇流的一个指标，以此进行单位线的分析与选择。在其他因素一定的条件下，一次净雨过程形成一次洪水过程，对应一组汇流参数，首先可由净雨过程和洪水过程分析出汇流参数，反过来用净雨指标查取汇流参数计算洪水过程时，这个净雨指标就代表了这个净雨过程，一个确定的净雨过程和一个确定的洪水过程应由一个确定的指标对应或代表。计算时所取降雨时间在一定的范围内有所不同，主要包括了主要降雨时段，这个净雨过程或洪水过程的主要特性基本不变，作为代表的净雨指标应是不变的，而平均净雨和累计净雨保持不了这个代表性。因此，有的流域汇流时间较长，用平均净雨能够反映其汇流特性，而有些流域则不能，如对于汇流面积相对较小的流域，洪水的汇流速度快、时间短、时段净雨的影响明显，汇流均化作用小。用时段平均净雨选单位线进行汇流计算，流域面积越小，影响越大。为充分反映净雨时段分布的影响，需要以净雨强度较大的时段作为汇流的主要净雨影响时段，分析一个能够反映流域汇流特性的净雨向量描述。

2. 净雨指标的连续性及其对汇流的非线性影响

汇流单位线直观简单，易于求解和选用，是目前常用的洪水预报汇流计算方法，单位线的影响因素有净雨强度、降雨分布、走向等降雨条件，净雨强度与单位线的关系密切，汇流计算的精度取决于单位线的分析和选用方法，一般是先用历史洪水分析单位线，然后依据净雨强度划分区间，将净雨强度分段，对应相应的单位线，预报时根据实际降雨计算净雨强度，根据净雨强度选取相应的单位线。然而，历史洪水是有限的，发生洪水的净雨强度和分析的单位线只是系列中的几个点，以单位线的峰值做代表参数，当采用的净雨强度指标能够反映流域汇流特性时，净雨强度和汇流参数的关系客观上是连续递变的。

传统的方法把二者的关系简化为阶梯形，进而选择汇流参数进行汇流计算，结果有时不够理想，精度较差，在其他因素一定的情况下，单位线对净雨强度指标的选用方法有不足之处，为此，分析提出二者的连续性关系，单位线择近选择方法和区间预报方法。

（1）单位线与净雨指标的关系。流域汇流的影响因素可分为两类，一类可以通过聚类分型，如降雨分布、走向，反映的是空间位置和方向，考虑其模糊性可以建立汇流模式；另一类则表现为大小的变化，如净雨，其指标本身具有连续性，不论用真值表示还是用相对值表示，都是一定区间上的连续数值系列，对汇流的影响具有渐变性、波动性和交错性。从严格意义上讲，净雨作为向量应是连续的，但因资料有限，分析的单位线较少，对应净雨也只是可能区间上的有限个点，在应用时，发生的新情况与历史不接近或不一致时，只能通过分段确定对应单位线，这样没有考虑实际影响的渐变性和波动性。

（2）单位线的选择方法分析。洪水预报是为防汛决策提供依据，越快越准越好，在计算工具相对落后、影响计算速度的情况下，不可能做到处理复杂的计算，原来的简化方法是可行的，随着防洪自动化系统的应用，运算速度已非常高，完成复杂过程的计算需要的时间很短，所以应选择更准确的计算方法。

①按分段选用方法的不足。首先，历史资料净雨指标可能处于划分区间的中部或两端，而实时净雨指标不会总是重复历史，可能发生在区间的任意一点，所以区间汇流参数既不能确切反映历史净雨与参数的关系，也不能完全符合实际净雨与汇流参数的关系。

②依据连续递变性提出择近选择方法。单位线的量级与净雨具有相关关系，可以根据实际净雨和所选单位线的情况，按贴近原则选取，或在区间端部附近时，进行人为干预，重选单位线或适当修改参数等，来实现发生净雨在资料系列中位置变化时，适当调整和修改单位线，使汇流预报结果更准确。

③各参数分别在一定范围内波动。考虑河道及下垫面变化及人类活动的影响，汇流特性不是恒定的，二者的关系有交错性和波动性，为此提出可以选取一组单位线，将预报结果综合对比，给出预报区间。

根据模糊向量描述的原理，净雨向量只能定量在一个真值范围，净雨的量级区间只有在单位线分析后才能确定其对应值。因此，随着资料的积累，不断分析新的单位线，补充汇流模式。

按净雨指标择近方法选用单位线，增加了计算难度和复杂性，而计算机预报系统的开发应用，使净雨采用择近交互选择单位线的方法完全可以实现。

上述以汇流计算的单位线方法为基础，通过分析净雨过程对汇流的影响，对汇流特性的区间变化和参数的波动性、净雨指标与单位线的关系进行了分析，提出在实际预报时，不将净雨分级，而按贴近原则选用单位线。按净雨非分段选用单位线方法对一般流域而言更具有合理性。

3. 暴雨走向的模式识别方法

（1）暴雨走向对汇流的影响。流域汇流的影响因素很多，洪水预报汇流计算的准确与否，重要的一项在于对降雨的时空分布考虑得是否科学合理。

对于无条件分单元或分区进行汇流计算的流域，一般采用综合参数预报模型。白龟山水库模式单位线汇流模型考虑了汇流影响因素的模糊性，用模糊识别理论建立单位线与汇流模式的关系，进行单位线的求解和选用，具有较强的适应性，应用效果较好，如对一次降雨的总体空间分布和时间分布用降雨模式和主时段净雨做向量分别加以表述。降雨分布是总体暴雨中心的位置，反映的是不同次降雨之间的总体异同关系，而降雨是一个过程，暴雨中心有时是移动的，移动对汇流是有影响的。以降雨分布均匀型为例，即各站总降雨量接近平均值，如果走向是由上而下，即开始降在上游，后降在下游，汇流将比较集中，过程瘦而高；相反，汇流过程必然平坦化，这两种情况虽然降雨总量和类型一样，但汇流结果不同，所以走向也是汇流的主要影响因素之一。暴雨走向是一次降雨内部过程的时空分布，与量级大小无关，反映的是相对分配比，是降雨的另一特性，应作为模糊向量在汇流模型中予以考虑。

在应用模式单位线汇流模型时，结合实际运用模糊理论分析了走向的描述方法和求解判别条件，以及模式单位线汇流模型对影响因素考虑得更全面，进一步提高汇流预报的精度。

（2）走向的描述。流域各站降雨有先有后，存在时差，这种不一致性可用其相对时序表示，即各站降雨过程的重心出现的时间不同，将各站的相对时间进行有序排列，一种排列时序对应一种模式，构成一个模式向量。

计算方法步骤如下：

① 由可能的走向类型对各站进行分区并分别给出相对时序数，即定义在 [-0.5，0.5] 上的相对时序数。

② 求实际各站降雨过程重心时间。

③ 求各站降雨过程重心时间的平均值。

④ 求各站降雨过程重心相对于平均值的时间差。

⑤ 求相对时序。

⑥ 求贴近度，由实际降雨的相对时序与定义各类走向的时序数计算二者的贴近度，根据贴近度最大值确定走向类型。

4. 洪水预报常用模型与方法

流域降雨径流预报依据的是流域降雨径流形成规律，即流域上一场具有一定时空分布的降雨，经由流域蓄渗、坡地汇流和河网汇流过程转换为流域出口断面洪水过程的规律，或者说流域产流和流域汇流规律。流域汇流时间是流域降雨径流预报可能获得的理论预见期。传统上常将流域降雨径流预报划分为流域产流预报和流域汇流预报两个阶段。常用的流域产流预报方法主要有降雨径流相关图法、流域蓄水曲线法、下渗曲线法、初损后损法等。常用的流域汇流预报方法主要有等流时线法、单位线法、概念性流域汇流模型、地貌瞬时单位线理论等。采用流域水文模型可以根据落在流域上的降雨直接预报出口断面的洪水过程。常用的流域水文模型主要有新安江模型、陕北模型、水箱模型等。降雨径流相关图以经验相关图的形式考虑了诸因素对降雨径流定量关系的影响，只要合理选择影响因素，既可用于计算蓄满产流的产流量，又可用于计算超渗产流的产流量。流域蓄水曲线法适用于蓄满产流，下渗曲线法适用于超渗产流，它们均以降雨空间分布均匀为计算前提，当降雨空间分布不均匀时，应考虑分雨量站或划分子流域来计算产流量。初损后损法是一种简化的下渗曲线法，且以经验相关图的形式表示，一般适用于超渗产流。使用等流时线法预报流域汇流的关键是合理选取流域平均流速，以及考虑平均流速随雨量或流量的变化。简单的单位线法使用的条件是流域上净雨呈均匀分布，以及流域汇流系统满足倍比性和叠加性，因此要考虑暴雨中心位置和降雨强度等对单位线的影响。采用概念性流域汇流模型，应根据流域的具体汇流特点，选择适用的或自行研制的流域汇流模型。地貌瞬时单位线法是目前解决无资料流域汇流计算中有较好理论依据的方法。

流域水文模型是随着计算机的广泛使用而发展起来的新一代洪水预报方法，流域水文模型是结构加参数。就结构而言，现有的流域水文模型都是概念性模型，其模拟流域产汇流过程的方式只有两类：一是先模拟总径流，再划分径流成分并进行汇流模拟；二是径流成分及其汇流的模拟同时进行，从地面至深层分层进行模拟。新安江模型为前者的代表，水箱模型为后者的代表。新安江模型适用于蓄满产流情况，而水箱模型既适用于湿润地区，又适用于半干旱及干旱地区。就参数而言，现有流域水文模型包含的参数中，具有明确物理意义的比较少，一般需要通过降雨径流资料来率定的参数较多。率定流域水文模型参数的基本方法的本质是求解反问题，具体多采用优选法，如采用目估优选法或最优化方法。上述现行流域水文模型的结构及其参数的确定方法，就决定了它必然存在一些局限性，例如，模型结构对流域产汇流物理过程比较简化，不能反映输入的分散性与输出的集中性这一实际情况；率定出的参数往往不具有唯一性等。克服流域水文模型的局限性，研制精度较高的流域水文模型仍是十分必要的。分布式流域水文模型的兴起与发展正源于此。

在现代水文预报中，虽然大量使用流域水文模型，例如新安江模型，萨克门托模型、水箱模型和陕北模型等进行流域降雨径流预报。但是，不少生产单位，尤其是一些大型水库的管理单位，他们在长期的工作实践中已建立一套适合于当地实际情况的经验性降雨径流预报方案，如降雨径流相关图法。也有的根据流域产汇流特性，以上述模型为基础，研究采用的蓄满超渗产流、模式单位线汇流等构建的流域洪水预报模型，改进方法可以考虑更多物理过程和影响因素，适应性更强，从而提高洪水预报精度，一般需要分类进行有关参数的率定。

二、调度方案的拟定

已建水库在实时调度时，根据初期水位和预测径流情况，进行不同运行方式的分析计算，考虑兴利目标，效益最大化，采用相对理想的调度方式；根据预报洪水过程和初期水位进行不同泄流方式的分析计算，满足下游防洪安全和水库工程安全，同时力求综合效益最大化，优选调度方式。

(1) 确保工程安全；

(2) 满足下游防洪安全；

(3) 综合效益较大。

水库运行管理每年或每月做兴利调度计划，根据预报入库径流情况、各部门用水需求进行供需平衡，分析用水满足情况，为水库合理控制运用、充分发挥兴利效益、确定科学的水源配置方案提供依据。

兴利调度计划对不同供水过程做出的方案，水库水位、供水量及保证程度、发电量等结果不同，这些效益目标通过方案对比可以选择优化方案，如效益最大方案。

实时洪水调度根据洪水大小、下游情况和水库水位制订不同的泄流方案，满足下游安全、水库工程安全，结合天气预报、洪水预报进行控制运用，可利用出流发电的有发电效益，水库控制最高水位及末水位等目标与防洪、兴利都有关系，综合评定方案的各目标值，选定合理科学的调度方案。

水位、发电量等调度目标分析：运行过程中非汛期高水位为正常蓄水位，汛期调洪高水位越低越好，泄洪流量满足下游防洪安全要求；末水位接近相应时段的设计控制水位，在以上基本原则下，力求供水、发电效益最大化。

三、实时调度与规划的差别

工程规划一般以水文统计为基础，通过对样本系列进行分析，用年最大平均值或其他特征参数的相应频率设计值进行控制，通过不同调节方案的综合比较确定工程规模。而实际调度遇到的是不同的样本，在一定工程条件下，对单个样本的调节运用，结合预报做出切合实际的控制运行方案。一场洪水调度一般根据水库当时的水位情况、下游洪水情况和上游的降雨洪水，拟定洪水调度方案，综合分析比较选择，考虑工程安全、下游防洪需要，兼顾兴利效益。在规划的调度原则下，具体泄流过程会有所变化。

水库防洪能力单从防洪和兴利两个方面比较，在标准和资料系列等其他因素不变、工程严格按照设计运行方式调度的情况下，由于城市工业生活、灌溉等引供水，实际调度的安全性一般要高于规划设计。根据水库实际运用情况对水库有关特征、水位的设置进行探讨，分析增加兴利库容的可能性，有利于水资源利用，从而提高水库供水能力。

水资源是基础性的自然资源和战略性的经济资源，是生活和生产、生态与环境的首要控制性要素。水资源紧缺已成为我国未来生活和经济发展的制约因素，是威胁水环境安全的一个无法回避的问题，为水资源的合理开发、利用、保护等提出了很多新的课题。水库是进行地表水调蓄的主要工程措施，合理安排水库库容，科学调度，充分发挥工程的作用，在确保防洪安全的同时，提高雨洪资源利用和供水保障能力对缓解水资源短缺具有重要意义。

第二章　水利工程施工管理

第一节　施工管理的基本原则

一、认真执行工程建设程序

工程建设必须遵循的总程序主要是计划、设计和施工3个阶段。施工阶段在设计阶段结束和施工准备完成之后方可正式进行，如违背基本建设程序，就会给施工造成混乱，造成时间上的浪费、资源上的损失和质量上的低劣等后果。

二、搞好项目排队以保证重点和统筹安排

施工企业和施工项目经理部一切生产经营的最终目标就是尽快完成拟建工程项目的建造，使其早日交付使用或投产。这样对于施工企业的计划决策人员来说，先建造哪个部分、后建造哪个部分，就成为其通过各种科学管理手段，对各种管理信息进行优化之后做出决策的问题。通常情况下，根据拟建工程项目是否为重点工程，或是否为有工期要求工程，或是否为续建工程等进行统筹安排和分类排列，把有限资金优先用于国家或业主急需的重点工程项目，使其尽快地建成投产；同时照顾一般的工程项目，把一般的工程项目和重点工程项目结合起来。实践经验证明，在时间分期上和在项目上分批，保证重点和统筹安排，是施工企业和工程项目经理部在组织工程项目施工时必须遵循的原则。

对工程项目的收尾工作也必须重视。在建工程的收尾工作，通常是工序多、耗工多、工艺复杂和材料品种多样而工程量少，如果不严密组织，科学安排，就会拖延工期，影响工程项目的早日投产或交付使用。因此，抓好工程项目的收尾工作，对早日实现工程项目效益和基本建设投资的经济效益是很重要的。

三、合理安排施工程序和施工顺序

工程建设有其自身的客观规律。这里既有施工工艺及其技术方面的规律，也有施工和施工顺序方面的规律，遵循这些规律去组织施工，就能保证各项施工活动紧密衔接和相互促进，充分利用资源，确保工程质量，加快施工速度，缩短工期。

(一) 施工工艺及其技术规律

施工工艺及其技术规律是分部 (项) 工程固有的客观规律，例如，钢筋加工工程，其工艺顺序是钢筋调直、除锈、下料、弯曲成型，其中任何一道工序都不能省略或颠倒，这不仅是施工工艺的要求，也是技术规律的要求。因此，在组织工程项目施工过程中必须遵循建筑施工工艺及其技术规律。

(二) 施工程序和施工顺序

施工程序和施工顺序是建设产品生产过程中的固有规律，建设产品生产活动是在同一场地和不同空间，同时或前后交错搭接地进行，前面的工作不完成，后面的工作就不能开始。这种前后顺序是客观规律所决定的，而交错搭接是计划决策人员争取时间的主观努力，所以在组织工程项目过程中必须科学地安排施工程序和施工顺序。

施工程序和施工顺序是随着拟建施工项目的规模、性质、设计要求、施工条件和使用功能的不同而变化的，但是经验证明其仍有可供遵循的共同规律。

四、正确处理施工项目实施过程中的各种关系

(一) 施工准备与正式施工的关系

施工准备之所以重要，是因为它是后续生产活动能够按时开始的充分且必要的条件。准备工作没有完成就贸然施工，不仅会引起工地的混乱，而且会造成资源的浪费，因此安排施工程序的同时，首先需安排相对应的准备工作。

(二) 全场性工程与单位工程的关系

工程正式施工时，应首先进行全场性工程的施工，然后按照工程排列的顺序，逐个进行单位工程施工。例如，平整场地、架设电线、敷设管道、修建铁路或公路等全场性的工程均应在拟建工程正式开工之前完成。这样就可以使这些永久性工程在全面施工期间为工地的供电、给水、排水和场内外运输提供服务。不仅有利于文明施工，而且能获得可观的经济效益。

(三) 场内与场外的关系

在安排架设电线、敷设管道、修建铁路和修建公路的施工程序时，应该先场外后场内；场外由远而近，先主干后分支；排水工程要先下游后上游。这样既能保证工程质量又能加快施工速度。

(四) 地下与地上的关系

在处理地下与地上工程时，应遵循先地下后地上、先深后浅的原则。对于地下工程要加强安全技术措施，保证其安全施工。

(五) 主体结构与装饰工程的关系

一般情况下，主体结构工程施工在前，装饰工程施工在后，当主体结构工程在施工进展到一定程度之后，为装饰工程的施工提供了工作面，这时装饰工程施工可以穿插进行，当然随着建筑产品生产工厂化程度的提高，它们之间的先后顺序和间隔的长短也将发生变化。

(六) 空间顺序与施工顺序的关系

在安排施工顺序时，既要考虑施工组织要求的空间顺序，又要考虑施工工艺要求的工种顺序。空间顺序要以工种顺序为基础，工种顺序应尽可能地为空间顺序提供有利的施工条件。研究空间顺序是为了解决施工流向问题。它是由施工组织、缩短工期和保证质量的要求来决定的。研究工种顺序是为了解决工种之间在时间上的搭接问题，它必须在满足施工工艺的要求条件下，尽可能地利用工作面，使相邻两个工种在时间上合理地、最大限度地搭接起来。

五、采用流水施工方法和网络计划技术

流水施工方法具有生产专业化强度高，劳动效率高；操作熟练，工程质量好；生产节奏性强，资源利用均衡；工人连续作业，工期短、成本低等特点。国内外经验证明，采用流水施工方法来组织施工，不仅能使拟建工程的施工有节奏、均衡、连续进行，而且会带来很大的技术经济效益。

网络计划技术是当代管理计划的最新方法，它应用网络图形表示出计划中各项工作的相互关系，它具有逻辑严密和思维层次清晰；主要矛盾突出，有利于计划的优化、控制和调整；有利于电子计算机在计划管理中的应用等特点。因此，它在各种管理中都得到了广泛的应用。实践证明，在施工企业和工程项目经理部计划管理中，采用网络计划技术，其经济效益更为显著。

为此在组织工程项目施工时，采取流水作业和网络计划技术是极为重要的。

六、科学安排冬季和雨季施工

由于施工企业产品生产露天作业的特点，因此拟建工程项目的施工必然受到气候和季节的影响，冬季的严寒和夏季的多雨，都不利于建筑施工的正常进行。如果不采取相应的可靠的技术措施，全年施工的均衡性、连续性就不可能得到保证。

随着施工工艺及其技术的发展，冬季和雨季进行正常施工已不再成为难题。但需采取一些特殊的技术措施，并需增加费用，因此在安排施工进度计划时应当周密地对待，恰当地安排冬季和雨季施工的项目。

七、提高建筑工业化程度

施工技术进步的重要标志之一是建筑工业化；而建筑工业化主要体现在认真执行工厂预制和现场预制相结合的方针，努力提高建筑机械化程度。

建筑产品的生产需要消耗巨大的社会劳动力。在建筑施工过程中，尽量以机械化施工代替手工操作，尤其是大面积的平整场地、大量的土（石）方工程，大批量的装卸和运输，大型钢筋混凝土构件或钢结构构件的制作和

安装等繁重施工过程的机械化施工，对于改善劳动条件，减轻劳动强度和提高生产率等其他经济效益都很显著。

目前，我国施工企业的技术装备程度还很不够，满足不了生产的需要，为此在组织工程项目施工时，要因地、因工程制宜，充分利用现有的机械设备。在选择施工机械过程中，要进行技术经济比较，使大型机械和中小型机械结合起来，使机械化和半机械化结合起来，尽量扩大机械化施工范围，提高机械化施工程度。同时要充分发挥机械设备的生产率，保持其作业的连续性，提高机械设备的利用率。

八、采用国内外先进的施工技术和科学管理方法

先进的施工技术与科学的施工管理手段相结合，是改善建筑施工企业和工程项目经理部的生产经营管理素质，提高劳动生产率，保证工程质量，缩短工期，降低工程成本的重要途径。为此在编制施工组织设计时应广泛地采用国内外先进的施工技术和科学的施工管理方法。

九、合理储备物资以减少物资运输量

要科学地布置施工平面图进行施工，对暂设工程和大型临时设施的用途、数量、建造方式等方面，要进行技术经济等方面的可行性研究，在满足施工需要的前提下，使其数量最少、造价最低。这对于降低工程成本和减少施工用地都是十分重要的。

建筑产品生产所需要的建筑材料、构 (配) 件、制品等种类繁多、数量庞大。各种物资的储存数量、方式都必须科学合理。对物资库存采用 ABC 分类法和经济订货批量法。在保证正常供应的前提下，其储存数额要尽可能地减少。这样可以大量减少仓库和堆场的占地面积。对于降低工程成本，提高工程项目经理部的经济效益都是事半功倍的好办法。

建筑材料的运费在工程成本中所占比重相当可观，因此在组织工程项目施工时，要尽量采用当地资源，减少其运输量，同时应选择最佳的运输方式、工具和线路，使其运输费用最低。

减少暂设工程的数量和物资的储备数量，为合理地布置施工平面图提供了有利条件。在满足施工的情况下，应尽可能使施工平面图紧凑和合理，

减少施工用地，有利于降低成本。

上述原则，既是建筑产品生产的客观需要，又是加快施工速度、缩短工期，保证工程质量，降低工程成本，提高施工企业和项目经理部的经济效益的需要，所以必须在工程项目施工过程中认真贯彻执行。

第二节　施工进度计划的编制

水利建设项目能否在预定工期内建成并投入运行，涉及因素较多，其中有一条很重要，就是需编制出一套完整、客观、周密的施工进度计划。否则，往往会发生脱节、窝工、停工、待料、拖延工期、浪费人力及闲置设备等现象。作者通过施工进度计划的实践体会到，要使施工进度计划具有科学性、实用性和准确性，应充分考虑以下因素。

一、进度计划的合理性

编制施工进度计划需要注意如下事项：

（1）要使计划符合招标文件意图，完全遵守招标的期限。

（2）要使计划细致、周到、全面，既要有总体计划，又要有分部、分项、分段计划；既不能漏项，又不能重项；既要符合逻辑，又要符合施工程序要求。

（3）要把计划书实际编制成整体施工方案书，在充分保证施工进度的基础上，要有具体的任务分解目标，人员、机械和物资的使用及配置方法，管理办法和职责，以及完成任务的具体措施等。

（4）计划书要有科学的预见性，对于突发问题，要有避免的措施和解决的办法。

二、进度计划的可操作性

要分析和预测对工程进度有影响的因素，所采取的措施要适应变化，以此来确定有效的施工工期，实现工程计划的总目标，尽量缩小计划进度与实际进度的偏差。

(一) 人为因素

在拟订进度计划书时，要充分考虑人对施工全过程的影响，主要包括是否对项目特点有准确的认识，是否对施工现场全面掌握，勘察数据是否准确，施工采用的方法是否得当，投入的人力及装备规模是否充足，领导者的指挥是否正确，管理方法是否严格，质量检查是否及时规范，责任是否明确，奖惩是否兑现，以及由人为因素造成损失的补救办法等。

(二) 技术因素

在施工当中要充分考虑到技术的特点、难度和实现办法，诸如施工现场与设计图纸是否相符，数据是否正确，设计方案所要求的技术特点、规程和质量标准，以及施工者自身的技术水平状况和为实现要求所采取的必要措施。

(三) 材料因素

水利水电工程施工多为远距离作业，因此应当充分考虑到材料的因素，如物资供应情况、市场价格变化情况，防止材料供应不及时，造成工期延后现象。

(四) 设备因素

根据工程的特点准备相应的施工设备，做到施工设备的先进性和良好的工作状态。

(五) 资金因素

资金计划的安排与总进度计划是否相匹配，工程项目计划的实施内容能否和分配的投资、材料、机械、设备、劳务等要素相适应。资金不能及时到位所带来的对进度的负面影响的解决办法。

(六) 气候环境因素

水利水电工程建设都为露天作业，受气候因素影响较大，所以要有充分的思想准备和解决办法。

(七) 环境因素

如交通运输、供水和供电等外部条件。

在目前条件下，监理单位协助施工单位做好施工计划，充分地进行分析论证，从理论到实际工程，要切合实际地保证人员、设备和材料的准备，控制有效的施工天数，充分估计风险因素的影响，指导承包商编制出工程造价低、投资少、工期短、质量好、应变能力强，以及确保进度、实现目标的施工计划，这是工程监理部的一项重要工作，只有抓好这项工作，才能使水利水电工程建设达到良好的效果。

第三节　水利水电工程的安全管理

一、安全管理基本知识

安全管理是指运用系统的观点、理论和方法，对工程项目安全进行计划、组织、指挥、协调、控制和评价，旨在实现项目安全生产目标的活动。

(一) 项目安全管理职能

项目安全管理主要内容包括计划、组织、指挥、协调、控制等方面，水利水电工程建设项目安全管理的基本职能是安全策划、安全组织、安全评价与控制。

安全策划是在项目实施前，根据水利水电工程建设安全生产有关法律法规、标准规范和项目安全生产总目标的要求，以危险源的辨识、控制为基础，对建设项目范围中的各项安全工作做出合理安排，确定安全工作范围及安全控制措施，并对安全管理所需的资源做出规划。

安全组织是水利水电工程建设项目安全管理的基础，水利水电工程建设项目安全管理的过程实际上就是安全组织机构按照安全策划、安全生产目标合理地安排人力、物力、财力的过程。安全组织的建立、运行和调整是水利水电工程建设项目安全管理的基础，如果没有高效率的安全组织机构，没有良好的安全管理运行机制和协调机制，就难以实现项目安全管理的目标。

安全评价和控制主要是根据安全策划和安全生产目标的要求，分析评价现场实际的安全情况，并采取纠正措施的活动，从而实现策划、跟踪、控制的封闭循环过程。在水利水电工程建设安全生产过程中，由于主观和客观条件的变化，往往会偏离安全策划的轨迹，这就需要通过跟踪项目工程建设实施过程，及时发现偏差、评估偏差，并按照系统控制的原理，根据工程项目安全控制的实际情况，采取有效的控制措施调整安全策划内容，以消除或缩小偏差。

（二）项目安全管理的一般方法

1. 安全生产目标管理法

目标管理是指以目标为导向，以人为中心，以成果为标准，而使组织和个人取得最佳业绩的现代管理方法，亦称为"成果管理"。安全生产目标管理是各参建单位以及内部各部门，围绕项目安全生产总目标，层层确立各自的目标，有效组织实施，并严格考核的一种管理方法。

依据安全生产目标管理的要求，水利水电工程建设安全生产总目标必须逐级、逐项分解，使安全生产总目标分解落实到每个部门和岗位。在目标实施阶段，要充分信任基层人员，实行权力下放和民主协商，使下级人员进行自我控制，独立自主地完成各自的任务，实现各自的目标。成果评价和奖励时，必须严格按照每个岗位和个人的目标任务完成情况和实际成果大小来进行，以激励其工作热情，发挥其主动性和创造性。

2. 全面管理法

全面管理法，也称为"四全"管理法，是指对水利水电工程建设项目进行全过程、全方位、全员参与、全天候安全管理的方法。

（1）全过程安全管理。水利水电工程建设全过程安全管理，是指从签订施工合同、进行施工组织设计、现场平面布置等施工准备工作开始，到施工的各个阶段，直至工程收尾、竣工、交付使用的全过程，都进行安全管理。也就是说，全过程安全管理就是贯穿各项工作始终，形成纵向一条线的安全管理方式。

建设项目施工过程是一个动态的过程，涉及很多变化的因素，事故隐患也不断变化，随时可出现，极易发生事故。因此，必须加强全过程管理，对所有生产过程进行安全预控、安全检查、监控，及时消除事故隐患。

（2）全方位安全管理。水利水电工程建设全方位安全管理，是对整个建设项目所有的工作内容都要进行管理。首先，水利水电工程是由各个单项工程构成，只有实现各分项工程的安全生产，才能保证整个水利水电工程的安全生产。其次，整个建设项目安全管理的对象主要包括人、机、环境和管理因素，具体工作内容包括安全教育培训、日常检查、工作例会等多个方面，因此，必须对这些管理内容进行有针对性的管理和控制，只有做好每一个环节，最终才能保证整个建设项目的安全生产。

（3）全员参与安全管理。从目标管理的观点来看，无论是管理者还是作业人员，每个岗位都承担着相应的安全生产职责，一旦确定了安全生产方针和目标，就应组织和动员全体员工参与到安全生产活动中，充分发挥每个角色的作用。

（4）全天候安全管理。全天候安全管理，就是在一年365天，一天24小时，无论什么天气、无论什么环境，每时每刻都要注意安全，要求现场作业人员时时刻刻把安全放在第一位。

3.循环管理法

循环管理法是按照戴明理论，策划、实施、检查、改进4个阶段不断循环进行管理的方法。循环管理法应用到水利水电工程建设项目安全管理，其4个阶段又可细分为8个步骤，分别为：

（1）分析安全现状，找出存在的主要安全问题。

（2）分析各种影响因素，找出安全问题的形成原因。

（3）确认造成安全问题形成的主要原因。

（4）针对安全问题形成的主要原因，制订安全措施和实施计划。

（5）按照安全措施实施计划，贯彻落实安全措施。

（6）检查验证并评估安全措施的实施效果。

（7）巩固措施，把成功的经验和方法加以肯定，形成标准。

（8）把遗留的问题，转入下一轮循环继续解决。

二、安全策划

水利水电工程建设项目安全策划主要是指通过识别和评价工程施工生

产中危险源和环境因素，确定安全生产目标，并规定必要的控制措施、资源和活动顺序要求，编制工程施工安全计划（也称为安全生产保证计划或安全保证计划），并组织实施，以实现安全生产目标的活动。

（一）安全策划的依据

水利水电工程建设项目安全策划的依据包括下列内容：

（1）水利水电工程建设相关安全生产法律法规、标准规范和其他要求。

（2）上级主管单位有关工程安全生产规定。

（3）本工程危险源辨识、评价和控制情况。

（4）本工程的特点及资源条件，包括技术水平、管理水平、财力、物力、员工素质等。

（5）其他水利水电工程安全工作经验和教训。

（6）国内外安全文明施工的先进经验。

为了确保安全策划内容的全面性、针对性、可行性和可操作性，安全策划应在施工前完成，同时，安全策划是施工组织设计的重要组成部分，为防止总体与局部脱节，要求两者同步进行，同时经上级部门或单位审核确认，并形成书面记录，以保证相互协调。

（二）安全策划的重点内容

1. 安全生产目标

（1）安全生产目标制定时应考虑的因素：

① 国家的有关法律、法规、规章、制度和标准的规定及合同约定。

② 水利行业安全生产监督管理部门的要求。

③ 水利工程的技术水平和项目特点。

④ 采用的工艺和设施设备状况等。

（2）安全生产目标的内容。项目法人应根据本工程项目安全生产实际情况，组织制定项目安全生产总体目标和年度目标。各参建单位应根据项目安全生产总体目标和年度目标，制定所承担项目的安全生产总体目标和年度目标。

安全生产目标应主要包括下列内容：

① 生产安全事故控制目标。

② 安全生产投入目标。

③ 安全生产教育培训目标。

④ 安全生产事故隐患排查治理目标。

⑤ 重大危险源监控目标。

⑥ 应急管理目标。

⑦ 文明施工管理目标。

⑧ 人员、机械、设备、交通、消防、环境和职业健康等方面的安全管理控制指标等。实施过程中可根据国家及行业安全生产规定、企业发展水平、实际情况补充其他控制目标。

(3) 安全生产目标制定的要求：

① 目标指标必须具体、明确。

② 目标指标必须是可衡量的。

③ 目标指标必须是可实现的。

④ 目标指标必须与实际相符。

⑤ 目标指标必须有时间表。

⑥ 必要时，可结合一些动词，例如，减少、避免、降低等。

2. 安全组织机构及职责

安全组织机构及职责策划的主要内容包括：

(1) 项目安全生产委员会或领导小组、安全生产管理机构的组成及职责。

(2) 施工企业建立安全生产委员会或安全生产领导小组、设置安全生产管理机构的要求。

3. 危险源辨识、评价和控制

危险源辨识、评价和控制策划的内容包括：

(1) 项目法人在水利水电工程建设项目开工前，组织参建单位全面辨识、评价项目危险源以及制定控制措施的职责，以及在工程建设过程中，及时更新危险源信息的要求。

(2) 参建单位在工程建设过程中，进行危险源监控、建立危险源档案、及时更新危险源信息等要求。

4.安全生产规章制度体系

(1)安全生产规章制度策划的依据包括：

①水利水电工程建设相关安全生产法律法规、标准规范要求；

②上级单位安全生产规章制度建立的相关要求。

(2)安全生产规章制度策划的主要内容包括：

①参建各方应建立的安全生产规章制度体系清单；

②参建各方对安全生产规章制度的修编、更新、发放、学习、贯彻落实等要求。

(3)参建各方应建立但不限于下列安全生产规章制度：

①安全生产目标管理制度；

②安全生产责任制度；

③安全生产费用管理制度；

④安全生产考核奖惩制度；

⑤安全生产教育培训制度；

⑥安全生产会议制度；

⑦安全生产事故隐患排查治理制度；

⑧危险性较大的单项工程管理制度；

⑨消防安全管理制度；

⑩机械设备管理制度；

⑪安全防护用品、设施管理制度；

⑫危险物品和重大危险源管理制度；

⑬职业健康管理制度；

⑭应急管理制度；

⑮事故管理制度；

⑯安全生产档案管理制度等。

5.安全管理措施

水利水电工程建设项目安全管理措施策划的主要内容包括：

(1)参建各方安全生产投入相关制度建立的要求，明确工程建设项目安全作业环境及安全施工措施所需费用，细化各阶段安全生产投入计划，提出安全生产费用提取、使用、管理的相关要求，以确保专款专用。

（2）参建各方安全检查的职责、方式、内容，提出安全检查工作开展要求，包括安全检查的频次、检查人员、问题处理、检查记录等。

（3）参建各方安全教育培训类型、学时、内容等要求，明确安全教育培训管理程序、安全教育培训记录、档案管理要求。

（4）参建各方职业健康管理制度、记录、档案建立的要求，职业危害告知、警示、监护以及职业病危害申报、防治的要求。

（5）参建各方事故报告及调查处理制度、应急管理制度建立要求，明确事故报告、调查和处理的职责、流程、管理要求，明确应急组织机构和队伍建立、应急物资准备、事故发生后的应急救援要求，明确参建各方应建立的应急预案，提出应急培训、演练的要求。

6. 安全技术措施

安全技术措施策划必须在危险源辨识的基础上进行，针对危险源，编制相应的安全技术措施，应明确以下内容：

（1）对专业性强、危险性大的单项工程，必须编制专项施工方案，制定详细的安全技术和安全管理措施。

（2）按照爆炸和火灾危险场所的类别、等级、范围，选择电气设备的安全距离及防雷、防静电、防止误操作等措施。

（3）对高处作业、临边作业等危险场所、部位以及冬季、雨季、夏季高温天气、夜间施工等危险期间应采用安全防护设备、安全设施等安全措施。

（4）对可能发生的事故做出的应急救援预案，落实抢救、疏散和应急等措施。

7. 设备设施安全管理

设备设施安全管理策划的内容包括：

（1）明确设备设施管理机构及职责。

（2）对设备设施的进场、安装、登记、检测检验、维护保养、检修、拆除、报废、注销的全过程管理要求。

（3）建立健全设备设施管理制度、操作规程、台账、档案等要求。

（4）针对特种设备及特种设备作业人员的安全管理要求。

8. 安全生产档案管理

安全策划应明确参建各方应保存的文件和档案的类别、各类安全报表的上报流程及时间要求等。

9. 现场安全文明施工总规划

现场安全文明施工总规划的内容包括现场布置、消防安全管理、交通安全管理、职业卫生与环境保护管理、防洪度汛管理、安全防护设施管理等。具体见本章第四节。

10. 安全生产绩效考核

安全生产绩效考核策划应依据上级主管单位的相关要求，明确以下内容：

（1）安全生产绩效考核工作中参建各方的职责。

（2）明确安全生产奖励和处罚的依据、项目以及实施程序等。

三、参建各方项目安全管理

（一）参建各方安全职责

1. 项目法人安全职责

项目法人应履行的安全职责主要包括：

（1）贯彻执行安全生产方针、政策以及安全生产法律法规、标准规范，协调解决项目重大安全问题。

（2）提出工程建设项目安全生产总目标和年度安全生产目标。

（3）编制工程安全文明施工总体策划，并组织实施，监督施工企业编制实施二次策划。

（4）组织审查工程承包商安全施工资质，监督设计、监理、施工、调试单位履行安全生产职责。

（5）组织建立项目安全生产委员会，设置安全生产管理机构，配备专职安全生产管理人员。

（6）按照相关规定提取安全生产费用，并监督检查施工单位安全生产费用的使用情况。

（7）识别、获取、发布项目适用的安全生产法律法规、标准规范，建立健全和落实工程项目安全生产规章制度。

（8）组织项目安全教育培训管理，监督检查参建单位安全教育培训实施情况。

(9) 组织开展本工程建设项目危险源辨识与评价，以及重大危险源监控工作。

(10) 开展工程项目的安全检查，监督施工企业隐患排查、治理情况。

(11) 开展项目职业健康管理工作，并监督参建单位职业危害申报、检测、警示告知以及职业病病人保障等工作。

(12) 编制项目应急预案，组织项目应急预案培训和演练，并监督参建单位应急预案编制、管理、培训和演练情况。

(13) 参加承包单位人身死亡事故和其他重特大事故的调查处理工作，并承担相应的事故连带责任。

(14) 建立项目安全生产绩效考核机制，开展对参建单位的安全生产绩效检查、评比、考核。

(15) 组织开展安全生产标准化建设和安全生产标准化达标评级申报、证件申领和换证工作。

(16) 向上级单位报送安全统计报表和其他有关安全分析资料。

2. 施工企业安全职责

施工企业应履行的安全职责主要包括：

(1) 贯彻执行国家有关工程建设相关安全生产方针、政策以及安全生产法律法规、标准规范。

(2) 服从项目法人、监理单位对安全工作的管理，全面遵守项目法人在发包合同中及施工现场规定的各项条款。

(3) 依据项目安全文明施工总体策划，制定并落实安全文明施工二次策划，编写施工组织设计。

(4) 制定本单位安全生产总目标和年度安全生产目标。

(5) 成立安全生产委员会或领导小组，设置安全生产管理机构，配置专职安全生产管理人员。

(6) 负责适用的安全生产法律法规、标准规范的识别、获取、发布和使用。

(7) 建立健全本单位安全生产规章制度体系。

(8) 按照相关要求落实安全生产费用，做到专款专用。

(9)组织危险源辨识、评价和控制工作，加强重大危险源监控。

(10)配合项目法人，或独立进行施工现场安全检查，对所承担的水利水电工程进行定期和专项安全检查，并做好安全检查记录，及时发现事故隐患，并对隐患进行分级治理及监控。

(11)组织各类人员(包括特种作业人员、特种设备作业人员、新员工、换岗或转岗人员等)的安全教育培训和管理工作，如实记录安全生产教育和培训情况。

(12)负责制定本单位安全活动策划方案，开展安全文化活动。

(13)严格控制分包单位的施工资质和安全资质审查，严格控制分包范围(主体工程不得分包)；分包工程及分包单位资质，必须报监理单位审查批准，并征得项目法人同意后方可分包工程项目。

(14)将项目法人对分包单位的要求传递给分包单位，并监督分包单位落实总体措施策划及项目法人的要求。

(15)组织施工设备验收、检验、检查、维护保养、检修等工作，建立施工设备台账、档案。

(16)针对危险作业，编制并落实安全技术措施，执行安全技术交底。

(17)负责本单位的消防安全、交通安全、治安保卫管理。

(18)按照变更审批、验收程序实施变更管理。

(19)负责本单位职业危害申报、检测、警示和告知，以及职业健康检查、职业病病人保障等工作。

(20)负责本单位生产安全事故报告、内部调查和处理工作。

(21)建立本单位应急预案体系，组织应急培训及演练活动。

(22)落实项目法人对本单位的安全文明施工考核，并定期组织本单位安全文明施工情况的评价和考核。

(23)承担合同中明确的其他安全工作责任。

3.监理单位安全职责

监理单位应遵守国家法律、法规、规章，独立、公正、公平、诚信、科学地开展监理工作，履行监理合同约定的职责，主要包括下列内容：

(1)负责制定监理安全管理工作规划和实施细则，建立本单位安全管理制度体系。

（2）负责本单位适用的安全生产法律法规、标准规范的识别、获取、发布和使用。

（3）监督检查施工企业安全生产法律法规、标准规范识别、发布及落实情况，安全生产规章制度、操作规程的制定、执行情况。

（4）监督施工企业危险源和辨识、评价、控制情况。

（5）监督施工企业安全生产费用的使用情况。

（6）负责工程项目的日常安全检查，召开安全监督例会，并配合上级单位、项目法人组织的安全检查工作，发现事故隐患，要求施工企业进行整改，并监督整改落实情况。

（7）监督施工企业的安全教育培训工作，监督检查特种作业人员、特种设备作业人员持证上岗情况。

（8）负责制定本单位安全活动策划方案，开展安全文化活动，并监督施工企业安全活动策划及安全活动实施情况。

（9）负责大型施工设备准入管理，进场的施工设备的验证。

（10）组织重要安全防护设施、重大事故隐患整改验收等。

（11）审查施工组织设计中的安全技术措施、专项施工方案和施工临时用电方案是否符合工程建设强制性标准，并监督实施。

（12）按照变更审批、验收程序实施变更管理。

（13）负责本单位的消防安全、交通安全、治安保卫管理。

（14）编制本单位应急预案，组织应急培训、演练，并审核施工企业应急预案的编制、培训及演练情况。

（15）负责对施工企业安全文明施工情况进行评价，提出安全文明施工考核建议。

4.其他参建单位的安全职责

（1）勘察、设计单位。勘察单位应按照法律、法规和标准进行勘察，提供的资料应真实、准确，应能满足工程安全生产需要；勘察作业应严格执行操作规程，采取措施保证各类管线、设施和毗邻建筑物、构筑物的安全以及人员安全等。

设计单位应在设计报告中设置安全专篇并对其设计负责，其应履行下列安全生产管理职责：

①按照法律、法规和标准进行设计，防止因设计不合理导致生产安全事故的发生。

②对涉及施工安全的重点部位和环节应在设计文件中注明，并对防范生产安全事故提出指导意见。

③对采用新结构、新材料、新工艺和特殊结构的工程，应在设计报告中提出保障施工作业人员安全和预防生产安全事故的措施建议。

④在对技术设计和施工图纸设计时，应落实初步设计中的安全专篇内容和初步设计审查通过的安全专篇的审查意见。

⑤在工程开工前，应向施工单位和监理单位说明勘察、设计图，解释勘察、设计文件等。

（2）质量安全检测单位。质量安全检测单位应按照国家标准和行业标准开展工作。没有国家标准和行业标准的，应由检测单位提出方案，经委托方确认后实施。

检测单位应当按照合同和有关标准及时、准确地向委托方提交检测报告并对检测质量负责。

检测单位发现工程存在重大安全问题、有关参建单位违反法律、法规和强制性标准情况的，应及时报告委托方和项目主管部门。

（3）设备供应单位。为水利水电工程提供机械设备和构、配件的单位，应保证其提供的机械设备和构、配件等产品的质量和安全性能达到国家有关技术标准，配备齐全有效的保险、限位等安全设施和装置，并提供有关的安全操作说明。

出租机械设备和施工机具及配件的单位，应提供生产（制造）许可证、产品合格证；对出租的机械设备和施工机具及配件的安全性能应进行检测，并出具检测合格证明。

（二）参建各方主要安全工作

1.项目法人主要安全工作

（1）安全资质审查。项目法人应对投标单位的安全资质进行审查，对监理单位安全资质审核的主要内容包括投标人的业绩和资信、项目总监理工程师经历及主要监理人员情况、监理规划（大纲）、财务状况。对施工企业安全资质审查的主要内容包括施工企业安全生产许可证、开工前安全生产条件审查情况、施工企业"三类人员"安全资格证、施工方案（或施工组织设计）与工期、安全生产管理机构和安全生产管理人员配备情况、主要施工设备、安全生产管理措施、业绩及类似工程经历和资信、财务状况。

（2）编制安全生产措施方案。项目法人在申请领取施工许可证时，应当提供建设工程安全生产措施的相关资料。项目法人应当根据有关法律法规、强制性标准和技术规范的要求并结合工程的具体情况编制保证安全生产的措施方案，安全生产措施方案应包括下列内容：

① 项目概况。

② 编制依据和安全生产目标。

③ 安全生产管理机构及相关负责人。

④ 安全生产的有关规章制度制定情况。

⑤ 安全生产管理人员及特种作业人员持证上岗情况等。

⑥ 重大危险源监测管理和安全事故隐患排查治理方案。

⑦ 生产安全事故的应急救援预案。

⑧ 工程度汛方案。

⑨ 其他有关事项等。

依法批准开工报告的建设工程，项目法人应当自开工报告批准之日起15日内，将安全生产的措施方案报送至有管辖权的水行政主管部门及安全生产监督机构备案。建设过程中安全生产的情况发生变化时，应及时对方案进行调整，并报告给原备案机关。

（3）设置项目安全组织机构：

① 安全生产委员会。项目法人成立由主要负责人、领导班子成员、部门负责人和各参建单位现场负责人为成员的项目安全生产委员会或领导小组，对工程建设项目参建各方特别是施工企业的安全行为进行沟通、监督和约束。

② 安全生产委员会办公室。安全生产委员会下设办公室，作为日常办事机构，负责执行和实施安全生产委员会的决定、决议和制度，负责工程建设过程的安全生产文明施工的全面监督和控制。安全生产委员会办公室一般设在项目法人安全主管部门，配备专职安全生产管理人员，办公室主任由项

目法人安全主管部门主任担任。

③安全生产管理机构。项目法人按规定设置安全生产管理机构，配备专职的安全生产管理人员。安全生产管理机构就是安全生产管理工作的具体执行机构，负责对工程建设安全生产进行监督检查，保证项目安全生产管理工作的顺利推进。

（4）签订安全生产责任书。项目法人在水利水电工程建设项目开工前，应就落实保证安全生产的措施进行全面系统的布置，明确承包单位的安全生产责任。签订安全生产责任书是明确各承包单位责任的有效手段。

施工企业进场后，项目法人应及时与施工企业签订安全生产责任书，项目法人与施工企业签订的合同中有关安全生产管理要求不能代替安全生产责任书。

安全生产责任书的主要内容包括：甲方（项目法人）和乙方（参建单位）的名称；承包项目（工作）名称；安全文明施工目标；甲乙双方职责；为实现安全文明施工应采取的措施；考核与奖惩；责任书有效期；甲乙双方主要责任人签字及签字时间。

（5）提供相关资料。项目法人应向施工企业提供施工现场及施工可能影响的毗邻区域内供水、排水、供电、供气、供热、通信、广播电视等地下管线资料，气象和水文观测资料，拟建工程可能影响的相邻建筑物和构筑物、地下工程的有关资料，并保证有关资料的真实、准确、完整，满足有关技术规范的要求。

（6）组织设计交底。组织设计单位就工程的外部环境、工程地质、水文条件对工程施工安全可能构成的影响，工程施工对当地环境安全可能造成的影响，以及工程主体结构和关键部位的施工安全注意事项等进行设计交底。

（7）安全生产费用管理。项目法人在工程承包合同中应明确安全生产所需费用、支付计划、使用要求、调整方式等，不得调减或挪用批准概算中所确定的安全生产费用。同时，项目法人应监督施工企业安全生产费用的使用情况，确保专款专用。

（8）审批施工组织设计。施工组织设计原则上由施工企业在开工前编制完成，经监理单位审核后，提交至项目法人审批。项目法人应根据现场实际状况，仔细分析施工组织总设计的可操作性和完整性后进行审批，审批之前可提出修改意见并要求施工企业修改，审批之后的施工组织总设计才可由施工企业遵照执行。

（9）安全检查。项目法人应定期组织对职能部门、参建单位的全面安全检查。

安全检查对象应包括设计单位、监理单位、施工企业和项目法人的职能部门。检查应使用安全检查表，发现的隐患和管理漏洞应下发"安全生产监督通知书"，限期整改，整改结果经监理工程师验收签字后，报知项目法人安全主管部门备案。

（10）安全会议。安全会议主要是通过召开安全工作会议，及时总结、通报安全情况，贯彻落实上级部门对安全工作的要求，协调解决有关安全生产问题。

一般建设工程现场主要有安全生产委员会会议、安全周例会、安全专题会议。

①安全生产委员会会议。会议由安全生产委员会主任组织，负责发布现场各参建单位必须遵守的统一的安全健康与环境保护工作的规定，决定工程中的重大安全问题的解决办法，协调各施工企业之间的关系。

②安全周例会。一般由项目法人组织，各参建单位安全负责人参加，主要工作是总结一周的安全工作情况，布置下周的安全工作，交流安全管理的经验。

③安全专题会议。会议内容主要是针对重大的安全决议或者安全事件、事故举行等情况，根据具体涉及范围的不同，安全专题会议可以由安全生产委员会组织，也可以由安全生产管理机构组织。

所有安全工作会议均应形成书面会议纪要，并发布给所有参建单位，以便各参建单位明确并落实会议决议的要求，参加人员和单位要有会议签到和纪要签收记录。

（11）安全档案管理。安全档案管理工作应贯穿水利水电工程建设项目的各个阶段。即从水利水电工程建设前期就应进行文件材料的收集和整理工作；在签订有关合同、协议时，应对水利水电工程安全档案的收集、整理、移交提出明确要求；检查水利水电工程进度与施工质量时，要同时检查水利水电工程安全档案的收集、整理情况；在进行项目成果评审、鉴定和水利水电工程重要阶段验收与竣工验收时，要同时审查、验收工程安全档案的内容与质量，并做出相应的鉴定评语。

项目法人对水利水电工程安全档案工作负总责，须认真做好自身产生档案的收集、整理、保管工作以及参建单位有关档案的接收、归档，并应加强对各参建单位归档工作的监督、检查和指导。

2.施工企业主要安全工作

（1）安全资质报审。施工企业从事建设工程的新建、扩建、改建和拆除等活动，应当具备国家规定的注册资本、专业技术人员、技术装备和安全生产等条件，依法取得相应的资质证书，并在其资质等级许可的范围内承揽工程。

施工企业还应当在依法取得安全生产许可证后，方可从事工程施工活动。施工企业应将相关安全资质报监理单位、项目法人。

（2）危险源辨识、评价与控制。一般来说，危险源辨识、评价与控制包含以下环节。

①危险源辨识。危险源辨识是发现、识别系统中危险源的工作，它是危险源控制的基础，只有正确辨识了危险源，才能有的放矢地考虑如何采取措施控制危险源。

水利水电施工企业应按规定进行施工安全、自然灾害等危险源辨识、评价，确定危险等级，建立危险源辨识、评价的记录和清单。

②危险源评价。水利水电工程危险源评价宜选用安全检查表法、预先危险性分析法、作业条件危险性评价法、层次分析法等。

③危险源管控。通过对危险源的辨识和评价，确定各类危险源的危险程度，针对不同的危险源，制定不同的控制措施，危险源的管控可以从三个途径进行，即技术控制、人行为控制和管理控制。

（3）编制安全技术措施和专项施工方案。施工企业应在施工组织设计中编制安全技术措施和施工现场临时用电方案，对达到一定规模的危险性较大的工程应编制专项施工方案，并附具安全验算结果，经施工企业技术负责人签字以及总监理工程师核签后方可实施，由专职安全生产管理人员进行现场监督。

对工程中涉及深基坑、模板工程及支撑体系、脚手架工程、拆除工程、暗挖工程等超过一定规模的且危险性较大的分部分项工程的专项施工方案，施工企业还应组织专家进行论证、审查。

专项施工方案需要调整时，施工企业应按程序重新提交监理单位审查。

（4）安全文明施工。施工企业在工程开工前，将安全文明施工纳入工程组织设计，建立健全组织机构及各项安全文明施工措施，并保证安全文明施工制度和措施的有效和落实。

3. 监理单位主要安全工作

（1）施工准备阶段的安全审查。施工准备阶段监理单位应对施工企业有关文件、报告和报表进行审查，主要内容包括下列几点：

① 审查进入水利水电工程建设现场各施工企业的安全生产许可证、资质等级等相关证明文件和"三类人员"上岗资质，施工企业安全生产管理机构及安全生产管理人员配备情况，安全生产规章制度、操作规程建立情况。

② 审查正式开工报告所需的文件，根据项目法人划分的审批权限，办理开工指令。

③ 审查施工企业提交的施工组织设计中的安全技术措施和危险性较大工程的专项施工方案及安全文明措施方案。

④ 审查施工企业提交的有关安全教育资料、特种设备检验报告和进场设备验收合格报告。

⑤ 审查施工企业提交的安全动态、进度计划等统计资料或图表。

⑥ 参与图纸会审，审核设计变更图纸。

⑦ 审查工程安全事故处理报告。

⑧ 审查新工艺、新技术、新材料、新结构的技术鉴定书。

⑨ 审查施工企业提交的关于工序交接检查、危险性较大工程安全检查报告。

（2）专项施工方案审查。监理单位应审查施工企业报审的专项施工方案，符合要求的，应由总监理工程师签认后报知项目法人。

超过一定规模的危险性较大的分部分项工程的专项施工方案，应检查施工企业组织专家进行论证、审查的情况，以及是否附具安全验算结果，并要求施工启用按已批准的专项施工方案组织施工。

对专项施工方案的审查内容应包括：编审程序应符合相关规定，安全技术措施应符合工程建设强制性标准。

监理单位应巡视检查危险性较大的分部分项工程专项施工方案实施情况，发现未按专项施工方案实施时，应签发监理通知单，要求施工企业按专项施工方案实施。

（3）事故隐患排查和处理。安全检查是监理人员发现施工企业事故隐患的主要方式，也是了解施工企业安全状况的主要途径，还是监理人员进行安全监控的基础。

安全检查的主要方式包括下列 4 种：

① 旁站。结合日常监理工作，在施工现场对工程项目的重要部位和关键工序的施工，实施连续性的全过程检查、监督与管理。

② 巡视。采取定期检查和不定期的巡视检查，对施工现场实施全方位的安全监督。

③ 专项检查。结合工程建设情况，对危险性较大的施工作业或重点部位进行的专项检查。

④ 例行检查。按工程建设项目制定的有关规定定期进行的安全检查。

发现工程存在事故隐患时，监理单位应签发监理通知单，要求施工企业整改；情况严重时，应签发工程暂停令，并应及时报告项目法人。施工企业拒不整改或不停止施工时，监理单位应及时向有关主管部门报告。

（4）安全监理记录与报告。建立健全安全监理记录与报告是做好安全监控的重要环节。

监理人员应对工程建设项目现场进行全面了解，掌握安全工作的具体情况，掌握安全工作动态，保存相关安全记录与报告，确保安全监理记录与报告完整齐全、真实可靠。

安全监理记录包括安全检查记录、审查记录等。安全监理报告包括月报、年报、专题报告等。

4.其他参建单位安全工作

（1）勘察、设计单位。勘察、设计单位应按照法律、法规和标准进行勘察、设计，其安全工作主要包括下列内容：

① 提供的资料应真实、准确，应能满足工程安全生产需要。

② 勘察（测）、设计单位和有关勘察（测）、设计人员应当对其勘察（测）、

设计成果负责。

③设计单位应在设计报告中设置安全专篇并对其设计负责。

④建设工程勘察、设计文件中规定采用的新技术、新材料，可能影响建设工程质量和安全，没有国家技术标准的，应当由国家认可的检测机构进行试验、论证，并出具检测报告，经国务院有关部门或者省、自治区、直辖市人民政府有关部门组织的建设工程技术专家委员会审定后，方可使用。

⑤在建设工程施工前，应向施工单位和监理单位说明建设工程勘察、设计图，解释建设工程勘察、设计文件等。

⑥及时解决施工中出现的勘察、设计问题。

⑦参与与勘察、设计有关的生产安全事故分析，并承担相应的责任。

(2)质量安全检测单位。

①采用先进、实用的检测设备和工艺，完善检测手段，提高检测人员的技术水平，确保检测工作的科学、准确和公正。

②检验、检测机构及其检验、检测人员应当客观、公正、及时出具检验、检测报告，并对检验、检测结果和鉴定结论负责。

③检测单位应当将存在工程安全问题或者影响工程正常运行的检测结果以及检测过程中发现有关参建单位违反法律、法规和强制性标准的情况，及时报告给委托方和具有管辖权的水行政主管部门或者流域机构。

④特种设备检验、检测机构及其检验、检测人员在检验、检测中发现特种设备存在严重事故隐患时，应当及时告知相关单位，并立即向负责特种设备安全监督管理的部门报告。

⑤发现被检设施设备、产品、作业场所等存在重大事故隐患，必须立即告知检测委托方，并及时报告安全生产监督管理部门，不得隐瞒不报、谎报或者拖延不报。

(3)设备供应单位。

①为水利水电工程提供机械设备和构、配件的单位，应当按照安全施工的要求提供机械设备和配件，配备齐全有效的保险、限位等安全设施和装置，提供有关安全操作的说明，保证其提供的机械设备和配件等产品的质量和安全性能达到国家有关技术标准。

②特种设备销售单位销售的特种设备，应当符合安全技术规范及相关

标准的要求，其设计文件、产品质量合格证明、安装及使用维护保养说明、监督检验证明等相关技术资料和文件应当齐全。

③出租机械设备和施工机具及配件的单位，应提供生产（制造）许可证、产品合格证；对出租的机械设备和施工机具及配件的安全性能应进行检测，并出具检测合格证明。

④特种设备出租单位不得出租未取得许可生产的特种设备或者国家明令淘汰和已经报废的特种设备，以及未按照安全技术规范的要求进行维护保养和未经检验或者检验不合格的特种设备。特种设备在出租期间的使用管理和维护保养义务由特种设备出租单位承担，法律另有规定或者当事人另有约定的除外。

第四节　水利水电工程的信息化管理

一、工程项目管理信息系统

(一) 概念

项目管理信息系统（Project Management Information System，PMIS）是基于计算机辅助项目管理的信息系统，包括信息、信息流动和信息处理等各个方面。

工程项目管理信息系统是由人、计算机等组成的能进行工程项目信息的收集、加工、整理、存储、检索、传递、维护和使用的计算机辅助管理系统，为项目管理人员进行工程项目管理和目标控制提供可靠的信息支持，以实现工程项目信息的全面管理、系统管理、规范管理和科学管理。

工程项目管理信息系统一般由进度管理、质量管理、投资与成本管理及合同管理等若干个子系统构成，各子系统涉及的各类数据按一定的方式组织并存储为公用数据库（项目信息门户，Project Information Portal，PIP），支持各子系统之间的数据共享，并实现信息系统的各项功能。此外，工程项目管理信息系统不是一个孤立的系统，必须建立与外界的通信联系，如与"中国经济信息网"联网收集国内各个部门、各个地区工程信息，国际工程招标信息、物资信息等，从而为项目管理人员进行管理决策提供必需的外部环境信息。

(二) 作用

项目管理信息系统是把输入系统的各种形式的原始数据分类、整理和存储以供查询和检索之用，并能提供各种统一格式的信息，简化各种统计和综合工作，以提高工作效率和工作质量。主要功能包括数据处理功能、计划功能、预测功能、控制功能、辅助决策功能等。

项目管理信息系统的主要作用：① 有利于项目管理数据的集中存储、检索和查询，提高数据处理的效率与准确性；② 为项目各层次、各岗位的管理人员收集、处理、传递、存储和分发各类数据与信息；③ 为项目高层管理人员提供预测、决策所需要的数据、数学分析模型和必要的手段，为科学决策提供可靠支持；④ 提供有关人、资金、设备等生产要素综合性数据及必要的调控手段，便于项目管理人员对工程的动态控制；⑤ 提供各种项目管理报表，实现办公自动化。

此外，项目管理信息系统在工程项目管理中的具体作用还表现为：① 加快资金周转，提高资金使用效率；② 加强工程监控，实时调整计划，降低生产成本；③ 库存信息实时查询，减少积压，合理调整库存；④ 通过实际与计划比较，合理调整工期；⑤ 方便各类人员不同的查询要求，同时保证数据准确性，提高工作效率和管理水平；⑥ 扩展外部环境信息渠道，加快市场反应。

(三) 构成

项目管理信息系统是由硬件、软件、数据库、操作规程和操作人员等构成。

(1) 硬件。计算机及其有关的各种设备，具有输入、输出、通信、储存数据和程序、进行数据处理等功能。

(2) 软件。为系统软件与应用软件，系统软件用于计算机管理、维护、控制及程序安装和翻译工作，应用软件是指挥计算机进行数据处理的程序。

(3) 数据库。是系统中数据文件的逻辑组合，包含了所有应用软件使用的数据。

（4）操作规程。向用户详细介绍系统的功能和使用方法。

另外，项目管理信息系统一般还包括：组织件，即明确的项目信息管理部门、信息管理工作流程及信息管理制度；教育件，即企业领导、项目管理人员、计算机操作人员的培训等。

二、项目信息门户

（一）概念

项目信息门户（Project Information Portal，PIP）是在项目主题网站和项目外联网的基础上发展起来的一种工程管理信息化的前沿研究成果。项目信息门户是在对项目全生命周期过程中项目参与各方产生的信息进行集中式存储和管理的基础上，为项目参与各方在 Internet 平台上提供一个获取个性化项目信息的单一入口，从而为项目参与各方提供一个高效率的信息交流和共同工作的环境。同时，它还使得工程项目的信息流动大大加快，信息处理效率极大提高，项目管理的作用得到了充分的发挥，避免了传统项目中因为信息不对称而造成的浪费和损失。PIP 改变了工程项目传统的沟通方式。

（二）类型

PIP 按其运行模式分类，有以下两种类型，即 PSWS 模式和 ASP 模式。PSWS（Project Specific Website）模式为一个项目的信息处理服务而专门建立的项目专用门户，也可称为专用门户。ASP（Application Service Provide）模式由 ASP 服务商提供的为众多单位和众多项目服务的公用网站，也可称为公用门户。ASP 服务商有庞大的服务器群，一个大的 ASP 服务商可以为数以万计的客户群提供门户的信息处理服务。目前，国际上 PIP 应用的主流是 ASP 模式。

（三）体系结构

一个完整的 PIP 体系的逻辑结构应具有 8 个层次，从数据源到信息浏览界面分为以下几个层次。

（1）基于 Internet 的项目信息集成平台，可以对来自不同信息源的异构信息进行有效集成。

（2）项目信息分类层，对信息进行有效的分类编目，以便项目各参与方的信息利用。

（3）项目信息检索层，为项目各参与方提供方便的信息检索服务。

（4）项目信息发布与传递层，支持信息内容的网上发布。

（5）工作流支持层，项目各参与方通过项目信息门户完成一些工程项目的日常工作流程。

（6）项目协同工作层，使用同步或异步手段使项目各参与方结合一定的工作流程进行协作和沟通。

（7）个性化设置层，使项目各参与方实现个性的界面设置。

（8）数据安全层，通过安全保证措施使用户一次登录就可以访问所有的信息源。

(四) 核心功能

PIP 的主要目标是实现工程项目信息的共享和传递，而不是对信息进行加工和处理。PIP 的基本功能包括项目文档管理、项目信息交流、项目协同工作以及工作流程管理等 4 个方面。

PIP 的 4 个子系统的基本功能如下。

1. 项目文档管理

项目文档管理功能包括文档的查询、文档的上传下载、文档在线修改以及文档版本控制等功能。在项目文档管理功能中，除常见的文档上传下载、文档查询等功能外，文档安全管理主要通过用户身份管理和文档读写权限来进行；文档版本控制指的是系统自动记录各种文档的不同版本信息以及每一次不同项目参与方对于该文档某一版本详细的访问情况（包括访问者、具体操作、访问时间等）。

2. 项目信息交流

项目信息交流的功能主要是使项目主持方和项目参与方之间以及项目各参与方之间在项目范围内进行信息交流和传递。在项目信息交流功能中，项目信息发布是指在网页上即时发布各种自定义的项目信息在线提醒，包括电子邮件及手机短信等方式的提醒；文档的标注与讨论为项目各参与方提供针对某一具体文档的交互式标注及讨论功能专题；讨论区则是针对项目实施工程中产生的某个具体问题设置的讨论区。

3. 项目协同工作

项目协同工作功能则由网络会议、远程录像以及虚拟现实等内容构成。在项目协同工作功能中，虚拟现实一般是简单地将某些 CAD 三维图形转换为虚拟现实建模语言并集成在网页上，以表现建筑物完工后的三维效果。基于 PIP 的项目管理和软件共享等也属于项目协同工作的范畴。

4. 工作流程管理

主要通过基于项目文档的流程定义和建模、流程运行控制以及流程与外部的交互来管理项目实施中的工作流程，最大限度地实现工作流程自动化。由于 PIP 中的工作流程管理功能的管理对象一般是基于文档的项目工作流程，因此，PIP 工作流程管理功能是在 PIP 文档管理功能的基础之上建立的，通常将其视为文档管理功能的延伸。

第三章　水利建设项目造价控制管理

第一节　水利工程造价管理基础概念

一、工程项目造价基础

(一) 工程项目造价概念

工程造价是指进行某项工程建设所花费的全部费用，其核心内容是投资估算、设计概算、修正概算、施工图预算、工程结算、竣工决算等。工程造价的任务：根据图纸、定额以及清单规范，计算出工程中所包含的直接费（所有的分部工程、分项工程所消耗的人工费、材料费、机械台班费等）、间接费、规费及税金等。工程造价主要由工程费用和工程其他费用组成。

工程造价就是一项工程的建造价格。工程泛指一切建设工程，它的范围和内涵具有很大的不确定性。工程造价有两种含义：一是指建设一项工程预期开支或实际开支的全部固定资产投资费用；二是指工程价格，即为建成一项工程，预计或实际在土地市场、设备市场、技术劳务市场，以及承包市场等交易活动中所形成的建筑安装工程的价格和建设工程总价格。

区别工程造价两种含义的理论意义在于，为投资者和以承包商为代表的供应商的市场行为提供理论依据；区别工程造价两种含义的现实意义在于，为实现不同的管理目标，不断充实工程造价的管理内容，完善管理办法，为更好地实现各自的目标服务，从而有利于推动全面的经济增长。

(二) 工程造价的特点

工程建设的特点决定工程造价具有以下特点。

1.大额性

能够发挥投资效用的任何一项工程，不仅实物形体庞大，而且造价高昂。其中，特大型工程项目的造价可达百亿元或千亿元人民币。工程造价的大额性使其关系到各方面的重大经济利益，也会对宏观经济产生重大影响。

2. 个别性

任何一项工程都有特定的用途、功能、规模。因此，对每一项工程的结构、造型、空间分割、设备配备和内外装饰都有具体的要求，因而使工程内容和实物形态都具有个别性。产品的个别性决定了工程造价的个别性。

3. 动态性

任何一项工程从决策到竣工再到交付使用，都有一个较长的建设周期。在此期间内，经常会出现许多影响工程造价的因素，如工程变更、设备材料价格、工资标准以及利率、汇率的变化等。这些变化必然会影响工程造价的变动。

4. 层次性

工程造价的层次性取决于工程层次性。一个建设项目往往含有多个能够独立发挥设计效能的单项工程。一个单项工程又是由能够各自发挥专业效能的多个单位工程组成。与此相对应的工程造价有三个层次：建设项目总造价、单项工程造价和单位工程造价。如果专业分工更细，单位工程的组成部分——分部分项工程也可以成为交换对象，如大型土方工程、基础工程、装饰工程等。这样，工程造价的层次就从增加分部工程和分项工程两个层次而成为五个层次。

5. 兼容性

工程造价的兼容性首先表现在它具有两种含义，其次表现在工程造价构成因素的广泛性和复杂性。

6. 模糊性

工程造价的确定，涉及多个阶段，各个方面的经济政策对其都有影响。工程造价只是一个相对准确的数值。由于它的不确定性和模糊性，需要人们对工程造价进行动态控制。

（三）工程造价的作用

工程造价涉及国民经济的各部门、各行业，涉及社会再生产中的各个环节，也直接关系到人民群众的生活。其作用表现在以下几个方面。

1. 工程造价是项目决策的依据

建设工程投资额大、生产和使用周期长等特点决定了项目决策的重要性。如果建设工程的价格超过投资者的支付能力，就会迫使投资者放弃拟建的项目；如果项目投资效果达不到预期目标，投资者也会自动放弃拟建工程。因此，建设工程造价是项目决策阶段进行项目财务分析和经济评价的重要依据。

2. 工程造价是制订投资计划和控制投资的依据

投资计划是按照建设工期、工程进度和建设工程价格等逐年分月加以制订的。正确的投资计划有助于合理和有效地使用资金。

工程造价是通过多次预估、最终通过竣工决算确定下来的。每一次预估的过程就是对造价的控制过程，因为每一次估算都不能超过前一次估算的一定幅度。这种控制是在投资者财务能力的限度内为取得既定的投资效益所必需的。此外，投资者利用制定各类定额、标准和参数等控制工程造价的计算依据，也是控制建设工程投资的表现。

3. 工程造价是筹集建设资金的依据

投资体制的改革和市场经济的建立，要求项目投资者必须有很强的筹资能力，以保证工程建设有充足的资金供应。工程造价基本决定了建设资金的需要量，从而为筹集资金提供了比较准确的依据。当建设资金来源于金融机构的贷款时，金融机构在对项目偿贷能力进行评估的基础上，也需要依据工程造价来确定给予投资者的贷款数额。

4. 工程造价是评价投资效果的重要指标

工程造价是一个包含多层次工程造价的体系，就一个工程项目而言，它既是建设项目的总造价，又是包含单项工程的造价和单位工程的造价，也包含单位生产能力的造价或单位建筑面积的造价等。工程造价自身形成一个指标体系，能够为评价投资效果提供多种评价指标，并能够形成新的价格信息，为今后类似项目的投资提供参照系。

5. 工程造价是利益合理分配和调节产业结构的手段

工程造价的高低涉及国民经济各部门和企业间的利益分配。在市场经济体制下，工程造价会受供求状况的影响，并在围绕价值的波动中实现对建设规模、产业结构和利益分配的调节。加上政府正确的宏观调控和价格政策导向，工程造价在这方面的作用会充分发挥出来。

二、价格原理

(一) 价值

1. 商品

商品是指用来交换的劳动产品，是使用价值和价值的统一物，体现一定的社会关系。

2. 商品价值

商品价值，从字面上的意义而言，是指一件商品所蕴含的价值。但马克思在《资本论》中将这个概念加以深化，认为商品价值是指凝结在商品中无差别的人类劳动 (包括体力劳动和脑力劳动)。无差别的人类劳动则以社会必要劳动时间来衡量。商品具有价值和使用价值。使用价值是指某物对人的有用性 (例如面包能填饱肚子，衣服能保暖)。商品的价值在现实中主要通过价格来体现。

(二) 货币

1. 货币的产生

货币的产生基于商品的交换，基于商品具有的价值形式。人类使用货币的历史产生于最早出现物质交换的时代。在原始社会，人们使用以物易物的方式，交换利用自己获取所需要的物资，比如一头羊换一把石斧。但是有时候受到用于交换的物资种类的限制，不得不寻找一种能够为交换双方都能够接受的物品。这种物品就是最原始的货币。货币形式的演变经历了物物交换、金属货币、金银、纸币、金本位、现代货币等阶段。

2. 货币的职能

货币的职能也就是货币在人们经济生活中所起的作用。在发达的商品经济条件下，货币具有这样五种职能：价值尺度、流通手段、贮藏手段、支付手段和世界货币。其中，价值尺度和流通手段是货币的基本职能，其他三种职能是在商品经济发展中陆续出现的。

3. 货币的流通

货币具有流通功能。在一定时期内，用于流通的货币的需求量 (货币流通量)取决于下列因素：待出售商品的数量、商品的价格、货币的流通速度。

4. 通货膨胀

通货膨胀是指一个经济体在一段时间内货币数量增速大于实物数量增速，单位货币的购买力下降，于是普遍物价水平上涨。货币是实物交换过程中的媒介，货币也就代表着所能交换到的实物的价值。在理想的情况下货币数量的增长(货币供给，如央行印刷、币种兑换)应当与实物市场实物数量的增长相一致，这样物价就能稳定，就不会出现通货膨胀。

(三) 价格与价值规律

1. 价格

价格是商品同货币交换比例的指数，或者说，价格是价值的货币表现。价格是商品的交换价值在流通过程中所取得的转化形式。

2. 价值规律

价值规律是商品生产和商品交换的基本经济规律。即商品的价值量取决于社会必要劳动时间，商品按照价值相等的原则互相交换。实际上，商品的价格与价值相一致是偶然的，不一致却是经常发生的。这是因为，商品的价格虽然以价值为基础，但还受到多种因素的影响，使其发生变动。同时，价格的变化会反过来调整和改变市场的供求关系，使得价格不断围绕着价值上下波动。

3. 价格的基本职能

表价职能：价格的最基本职能就是表现商品价值的职能。表价职能是价格本质的反映。

调节职能：价格的调节职能就是价格本质的要求，是价值规律作用的表现。所谓价格的调节职能，是指它在商品交换中承担着经济调节者的职能。一方面，它使生产者确切地而不是模糊地，具体地而不是抽象地了解了自己商品个别价值和社会价值之间的差别。另一方面，价格的调节职能对消费者而言，既能刺激需求，也能抑制需求。

(四) 价格的影响因素

1.一般经济因素

一般经济因素是指按照一般经济规律影响价格的因素，主要有价值、供求关系和币值。

2.国家宏观调控

在市场经济的运行和发展中；政府宏观管理或一定程度的经济干预是必要的。对应于不同的市场结构和文化背景，世界各国的宏观管理模式可分为不同的类型。在社会主义市场经济体制下，国家宏观经济管理的基本任务是保证国民经济持续、协调、稳定的增长，保证宏观经济效益最大化。

3.非经济因素

影响价格的非经济因素有很多。如科学技术水平提高，将使商品生产成本降低，同时使老产品落后，缺乏竞争力，从而使其价格下降。对于工程建设，项目的决策、设计、工程自然条件等各种复杂因素，都会对工程价格产生重大的影响。

三、税金

税金是指国家凭借其行政权力，按照法定标准强制地、无偿地向纳税人征收的税额。税金的多少取决于税基和税率两个因素。税基是据以课税的价值，税率是一个百分数。用税基乘以税率即为税金总额。

(一) 固定资产投资方向调节税

固定资产投资方向调节税是对在我国境内进行固定资产投资的单位和个人征收的一种调节税。征收固定资产投资方向调节税是为了用经济手段控制投资规模，引导投资方向，贯彻国家产业政策。国家规定，各种水利工程和水力发电工程，固定资产投资方向调节税税率为0。

(二) 营业税

营业税是以纳税人从事经营活动为课税对象的一种税。水利水电行业的经营活动包括水利水电建筑业，以及转让无形资产、销售不动产等。

(三) 企业所得税

企业所得税是以经营单位在一定时期内的所得额 (或纯收入) 为课税对象的一个税种。所得税体现了国家与企业的分配关系。

(四) 增值税

增值税是以商品生产流通各个环节的增值因素为征税对象的一种流转税。在生产、流通过程的某一中间环节，生产经营者大体上只缴纳对应于本环节增值的增值税额。

(五) 土地增值税

土地增值税是对有偿转让国有土地使用权，以及房地产所获收入的增值部分征收的一个税种。

(六) 消费税

消费税是对特定的消费品和消费行为征收的一种税。在全社会商品普遍征收增值税的基础上，选择少数消费品，征收一定的消费税，其目的是调节消费结构，引导消费方向，以保证国家财政收入。

(七) 印花税

印花税是对经济活动和经济交往中书立、领受各类经济合同、产权转移书据、营业账簿、权利许可证照等凭证这一特定行为征收的一种税。

(八) 城市维护建设税

城市维护建设税是对缴纳产品税、增值税、营业税的单位和个人征收的一种税。

(九) 教育费附加

按照国务院有关规定，教育费附加在各单位和个人缴纳增值税、营业税、消费税的同时征收。

四、投资与融资

投资是指投资主体为了特定的目的和取得预期收益而进行的价值垫付行为。从本质上讲，投资主体之所以具有投资的积极性，愿意垫付价值，是由于在社会生产中，劳动者能够创造出剩余价值，使垫付的价值产生增殖。投资的运动过程本质上是价值的运动过程，包括资金筹集、投资分配、投资运用、投资回收四个阶段。

(一) 投资分类

从不同的角度出发，可以对投资做不同的分类。要特别注意下面的两种分类：

(1) 按照投资领域不同，可将投资分为生产经营性投资和非生产经营性投资。生产经营性投资指直接用于物质生产或直接为生产服务的投资，如工业建设、农业、水利、运输、通信事业建设投资等；非生产经营性投资指满足人民物质文化生活需要的建设投资，包括消费性设施投资、基础设施投资、国防设施投资等。非生产经营性投资不循环周转，也不会增殖。

(2) 按照投资在再生产过程中周转方式不同，可将投资分为固定资产投资和流动资产投资。

(二) 固定资产与固定资产投资

1. 固定资产与固定资产投资

固定资产是在社会再生产过程中可供长时间反复使用，并在使用过程中基本上不改变其实物形态的劳动资料和其他物质资料。在我国会计实务中，将使用年限在一年以上的生产经营性资料作为固定资产。对于不属于生产经营主要设备的物品，单位价值在2000元以上，且使用年限超过两年的，也作为固定资产。固定资产投资是指投资主体垫付货币或物资，以获得生产经营性或服务性固定资产的过程。固定资产投资包括更新改造原有固定资产以及构建新增固定资产的投资。

2. 固定资产投资分类

固定资产投资可按不同方式分类。

（1）按照经济管理渠道和现行国家统计制度规定，全社会固定资产投资分为基本建设投资、更新改造投资、房地产开发投资、其他固定资产投资四部分。

（2）按照固定资产投资活动的工作内容和实现方式，可将固定资产投资分为建筑安装工程投资，设备、工具、器具购置投资，其他费用投资三部分。

3. 固定资产投资特点

固定资产投资主要特点包括以下几个方面：

（1）资金占用多，一次投入资金的数额大，并且这种资金投入往往需要在短时期内筹集，一次投入使用。

（2）资金回收过程长。投资项目的建设期短则一两年，长则几年、十几年甚至几十年，直至项目建成投产后，投资主体才能在产品或服务销售和取得利润的过程中回收投资，回收持续时间也较长。

（3）投资形成的产品具有固定性。产品的位置、用途等都是固定的。

（三）流动资产与流动资产投资

和固定资产相对应的是流动资产。流动资产是指在生产经营过程中经常改变其存在状态，在一定营业周期内变现或耗用的资产，如现金、存款、应收及预付账款、原材料、在产品、产成品、存货等。相应地，流动资产投资是指投资主体用以获得流动资产的投资。

（四）资金成本

1. 资金成本的含义

资金成本，是指企业为筹集和使用资金而付出的代价。这一代价由两部分组成：资金筹集成本和资金使用成本。

（1）资金筹集成本：资金筹集成本是指在资金筹集过程中支付的各项费用。资金筹集成本一般属于一次性费用，筹资次数越多，资金筹集成本就越高。

（2）资金使用成本：资金使用成本又称为资金占用费。主要包括支付给股东的各种股利、向债权人支付的贷款利息，以及支付给其他债权人的各种利息费用等。

2. 资金成本的性质

(1) 资金成本是资金使用者向资金所有者和中介机构支付的占用费和筹资费。作为资金的所有者，它绝不会将资金无偿让给资金使用者去使用；而作为资金的使用者，也不能够无偿地占用他人的资金。

(2) 资金成本与资金的时间价值既有联系又有区别。资金成本是企业的耗费，企业要为占用资金而付出代价、支付费用，而且这些代价或费用最终也要作为收益的扣除额来得到补偿。

(3) 资金成本具有一般产品成本的基本属性，但资金成本中只有一部分具有产品成本的性质，即这一部分耗费计入产品成本，而另一部分作为利润来分配，可直接表现为生产性耗费。

3. 资金成本的作用

资金成本是选择资金来源、筹资方式的重要依据；企业进行资金结构决策的基本依据；比较追加筹资方案的重要依据；评价各种投资项目是否可行的一个重要尺度；衡量企业整个经营业绩的一项重要标准。

4. 资金成本的计算

资金成本可用绝对数表示。为便于分析比较，资金成本一般用相对数表示，称为资金成本率。

五、工程保险

(一) 风险及风险管理

1. 风险

风险是指可能发生，但难以预料，具有不确定性的危险。风险大致有两种定义：一种定义强调了风险表现为不确定性；而另一种定义则强调风险表现为损失的不确定性。

2. 风险管理

风险管理是指如何在一个肯定有风险的环境里把风险减至最低的管理过程。对于现代企业来说，风险管理就是通过风险的识别、预测和衡量，选择有效的手段，以尽可能降低成本，有计划地处理风险，以获得企业安全生产的经济保障。风险的识别、风险的预测和风险的处理是企业风险管理的主要步骤。

3.风险处理方法

(1)避免风险：消极躲避风险。

(2)预防风险：采取措施消除或者减少风险发生的因素。

(3)自保风险：企业自己承担风险。途径有：小额损失纳入生产经营成本，损失发生时用企业的收益补偿。

(4)转移风险：在危险发生前，通过采取出售、转让、保险等方法，将风险转移出去。

(二) 工程保险及其险种

工程保险的意义在于：一方面，它有利于保护建筑方或项目所有人的利益；另一方面，也是完善工程承包责任制并有效协调各方利益关系的必要手段。主要险种有建筑工程保险、安装工程保险和科技工程保险。

六、工程建设项目管理

项目的定义包含三层含义：第一，项目是一项有待完成的任务，且有特定的环境与要求；第二，在一定的组织机构内，利用有限资源(人力、物力、财力等)在规定的时间内完成任务；第三，任务要满足一定性能、质量、数量、技术指标等要求。这三层含义对应着项目的三重约束——时间、费用和性能。项目的目标就是满足客户、管理层和供应商在时间、费用和性能(质量)上的不同要求。

在建设项目的施工周期内，用系统工程的理论、观点和方法，进行有效的规划、决策、组织、协调、控制等系统科学的管理活动，从而按项目既定的质量要求、控制工期、投资总额、资源限制和环境条件，圆满地实现建设项目目标叫作建设项目管理。

七、工程造价计价

(一) 工程投资

建设项目总投资，是指进行一个工程项目的建造所投入的全部资金，包括固定资产投资和流动资金投入两部分。建设工程造价是建设项目投资中的固定资产投资部分,是建设项目从筹建到竣工交付使用的整个建设过程所花费的全部固定资产投资费用,这是保证工程项目建造正常进行的必要资金,是建设项目投资中最主要的部分。建筑安装工程造价是建设项目投资中的建筑安装工程投资部分,也是建设工程造价的组成部分。

(二) 工程建设不同阶段的工程造价编制

1. 投资估算

投资估算在建设前期各个阶段工作中,是决策、筹资和控制造价的主要依据。

可以用于项目建设单位向国家计划部门申请建设项目立项;拟建项目进行决策中确定建设项目在规划、项目建议书阶段的投资总额。

2. 设计概算和修正概算造价

设计概算是设计文件的重要组成部分,设计概算文件较投资估算准确性有所提高,但又受投资估算的控制。设计概算文件包括建设项目总概算、单项工程综合概算和单位工程概算。修正概算是在扩大初步设计或技术设计阶段对概算进行的修正调整,较概算造价准确,但受概算造价控制。

3. 施工图预算造价

施工图预算是指施工单位在工程开工前,根据已批准的施工图纸,在施工方案(或施工组织设计)已确定的前提下,按照预算定额规定的工程量计算规则和施工图预算编制方法预先编制的工程造价文件。施工图预算造价较概算造价更为详尽和准确,但同样要受前一阶段所确定的概算造价的控制。

4. 合同价

合同价是指在工程招投标阶段通过签订总承包合同、建筑安装工程承包合同、设备材料采购合同,以及技术和咨询服务合同所确定的价格。合同价属于市场价格,是由承、发包双方即商品和劳务买卖双方根据市场行情共同议定和认可的成交价格,但它并不等同于实际工程造价。按计价方式不同,建设工程合同一般表现为三种类型,即总价合同、单价合同和成本加酬金合同。

5.结算价

工程结算价是指一个单项工程、单位工程、分部工程或分项工程完工后，经发包人及有关部门验收并办理验收手续后，在工程结算时按合同调价范围和调价方法，对实际发生的工程量增减、设备和材料价差等进行调整后计算和确定的价格。结算价是该结算工程的实际价格。结算一般有月结算、分段结算等方式。

6.竣工决算

竣工决算是指在竣工验收后，由建设单位编制的建设项目从筹建到建设投产或使用的全部实际成本的技术经济文件。其是最终确定的实际工程造价，是建设投资管理的重要环节，是工程竣工验收、交付使用的重要依据，也是进行建设项目财务总结、银行对其实行监督的必要手段。竣工决算的内容由文字说明和决算报表两部分组成。

（三）定额

1.定额

所谓"定"就是规定，所谓"额"就是额度和限度。从广义理解，定额就是规定的额度及限度，即标准或尺度。工程建设定额是指在正常的施工生产条件下，完成单位合格产品所消耗的人工、材料、施工机械及资金消耗的数量标准。不同的产品有不同的质量要求，不能把定额看成单纯的数量关系，而应看成质量和安全的统一体。只有考察总体生产过程中的各项生产因素，归结出社会平均必需的数量标准，才能形成定额。尽管管理科学在不断发展，但它仍然离不开定额。没有定额提供可靠的基本管理数据，任何好的管理手段都不能取得理想的结果。所以定额虽然是科学管理发展初期的产物，但它在企业管理中一直占有主要的地位。定额是企业管理科学化的产物，也是科学管理的基础。

2.工程建设定额及其分类

在社会平均的生产条件下，把科学的方法和实践经验相结合，生产质量合格的单位工程产品所必需的人工、材料、机具的数量标准，就称为工程建设定额。工程建设定额除规定有数量标准外，也要规定出它的工作内容、质量标准、生产方法、安全要求和适用的范围等。

(1)按照定额反映的物质消耗内容分类：

①劳动消耗定额，简称为劳动定额。劳动消耗定额是完成一定的合格产品（工程实体或劳务）规定活劳动消耗的数量标准。为了便于综合和核算，劳动定额大多采用工作时间消耗量来计算劳动消耗的数量。所以劳动定额主要表现形式是时间定额，但也表现为产量定额。

②机械消耗定额。我国机械消耗定额是以一台机械一个工作班为计量单位，所以又称为机械台班定额。机械消耗定额是指为完成一定合格产品（工程实体或劳务）所规定的施工机械消耗的数量标准。机械消耗定额的主要表现形式是机械时间定额，但也可以产量定额表现。

③材料消耗定额，简称为材料定额。是指完成一定合格产品所需消耗材料的数量标准。材料消耗定额，在很大程度上可以影响材料的合理调配和使用。在产品生产数量和材料质量一定的情况下，材料的供应计划和需求都会受材料定额的影响。重视和加强材料定额管理，制定合理的材料消耗定额，是组织材料的正常供应，保证生产顺利进行，合理利用资源，减少积压和浪费的必要前提。

(2)按照定额的编制程序和用途分类：

①施工定额，是施工企业（建筑安装企业）组织生产和加强管理，在企业内部使用的一种定额，属于企业生产定额。它由劳动定额、机械定额和材料定额3个相对独立的部分组成。是工程建设定额中分项最细、定额子目最多的一种定额，也是工程建设定额中的基础性定额。在预算定额的编制过程中，施工定额的劳动、机械、材料消耗的数量标准，是计算预算定额中劳动、机械、材料消耗数量标准的重要依据。

②预算定额，是在编制施工图预算时，计算工程造价和计算工程中劳动、机械台班、材料需要量使用的一种定额。预算定额是一种计价性的定额，在工程建设定额中占有重要的地位。从编制程序看，预算定额是概算定额的编制基础。

③概算定额，是编制扩大初步设计概算时，计算和确定工程概算造价，计算劳动、机械台班、材料需要量所使用的定额。它的项目划分粗细与扩大初步设计的深度相适应。它一般是预算定额的综合扩大。

④概算指标，是3阶段设计的初步设计阶段，编制工程概算，计算和

确定工程的初步设计概算造价，计算劳动、机械台班、材料需要量时所采用的一种定额。一般是在概算定额和预算定额的基础上编制的，比概算定额更加综合。概算指标是控制项目投资的有效工具，它所提供的数据也是计划工作的依据和参考。

⑤ 投资估算指标，在项目建议书和可行性研究阶段编制投资估算、计算投资需要量时使用的一种定额。投资估算指标往往根据历史的预、决算资料和价格变动等资料编制，但其编制基础仍然离不开预算定额、概算定额。

(3) 按照投资的费用性质分类：

① 建筑工程定额，是建筑工程的施工定额、预算定额、概算定额和概算指标的统称。

② 设备安装工程定额，是安装工程施工定额、预算定额、概算定额和概算指标的统称。设备安装工程是对需要安装的设备进行定位、组合、校正、调试等工作的工程。设备安装工程定额也是工程建设定额中的重要部分。在通用定额中有时把建筑工程定额和安装工程定额合二为一，称为建筑安装工程定额。

③ 建筑安装工程费用定额一般包括以下内容。a.其他直接费用定额，是指预算定额分项内容以外，而与建筑安装施工生产直接有关的各项费用开支标准。其他直接费用定额由于其费用发生的特点不同，只能独立于预算定额之外。它也是编制施工图预算和概算的依据。b.现场经费定额，是指与现场施工直接有关，是施工准备、组织施工生产和管理所需的费用定额。c.间接费定额，是指与建筑安装施工生产的个别产品无关，而为企业生产全部产品所必需的，为维持企业的经营管理活动所必须发生的各项费用开支的标准。d.工、器具定额，是为新建或扩建项目投产运转首次配置的工、器具数量标准。工具和器具，是指按照有关规定不够固定资产标准而起劳动手段作用的工具、器具和生产用家具等。e.工程建设其他费用定额，是独立于建筑安装工程、设备加工、器具购置之外的其他费用开支的标准。其他费用定额是按各项独立费用分别制定的，以便合理控制这些费用的开支。

(4) 按照专业性质分类。工程建设定额分为全国通用定额、行业通用定额和专业专用定额 3 种。全国通用定额是指在部门间和地区间都可以使用的定额；行业通用定额系指具有专业特点的行业部门内可以通用的定额；专业专用定额是指特殊专业的定额，只能在指定范围内使用。

（5）按主编单位和管理权限分类。工程建设定额可分为全国统一定额、行业统一定额、地区统一定额、企业定额和补充定额5种。

（四）工程造价计价依据和计价基本方法

1. 工程造价计价依据的要求

工程造价计价依据是据以计算造价的各类基础资料的总称。由于影响工程造价的因素很多，每一项工程的造价都要根据工程的用途、类别、结构特征、建设标准、所在地区和坐落地点、市场价格信息，以及政府的产业政策、税收政策和金融政策等等具体计算。因此，就需要与确定上述各项因素相关的各种量化的定额或指标等作为计价的基础。计价依据除国家或地方法律规定的以外，一般以合同形式加以确定。

2. 工程造价计价依据的分类

（1）按用途分类。工程造价的计价依据按用途分类，概括起来可以分为7大类共18小类。

（2）按使用对象分类。第一类，规范建设单位（业主）计价行为的依据：国家标准《建设工程工程量清单计价规范》（GB 50500—2013）。第二类，规范建设单位（业主）和承包商双方计价行为的依据：包括国家标准《建设工程工程量清单计价规范》（GB 50500—2013）；初步设计、扩大初步设计、施工图设计图纸和资料；工程变更及施工现场签证；概算指标、概算定额、预算定额；人工单价；材料预算单价机械台班单价；工程造价信息；间接费定额；设备价格、运杂费率等；包含在工程造价内的税种、税率；利率和汇率；其他计价依据。

3. 现行工程计价依据体系

按照我国工程计价依据的编制和管理权限的规定，目前我国已经形成了由国家、省、自治区、直辖市和行业部门的法律法规、部门规章相关政策文件以及标准、定额等相互支持、互为补充的工程计价依据体系。

第二节 水利建设项目决策阶段的造价管理

一、概述

(一) 建设项目决策的含义

项目投资决策是选择和决定投资行动方案的过程，是对拟建项目的必要性和可行性进行技术经济论证，对不同建设方案进行技术经济比较及做出判断和决定的过程。

(二) 建设项目决策与工程造价的关系

1. 项目决策的正确性是工程造价合理性的前提

项目决策正确，意味着对项目建设做出科学的决断，选出最佳投资行动方案，达到资源的合理配置。这样才能合理地估计和计算工程造价，并且在实施最优投资方案过程中，有效地控制工程造价。

2. 项目决策的内容是决定工程造价的基础

工程造价的计价与控制贯穿于项目建设全过程，但决策阶段各项技术经济决策对该项目的工程造价有很大影响，特别是建设标准的确定、建设地点的选择、工艺的评选、设备选用等，直接关系到工程造价的高低。据有关资料统计，在项目建设各阶段中，投资决策阶段影响工程造价的程度最高，达到80%~90%。

3. 造价高低、投资多少也影响项目决策

决策阶段的投资估算是进行投资方案选择的重要依据之一，也是决定项目是否可行及主管部门进行项目审批的参考依据。项目决策的深度影响投资估算的精确度，也影响工程造价的控制效果。只有加强项目决策的深度，采用科学的估算方法和可靠的数据资料，合理地计算投资估算保证投资估算，才能保证其他阶段的造价被控制在合理范围内，使投资项目能够实现避免"三超"现象的发生。

二、建设项目可行性研究

(一) 可行性研究的概念和作用

1.可行性研究的概念

建设项目的可行性研究是在投资决策前，对与拟建项目有关的社会、经济、技术等各方面进行深入细致的调查研究，对各种可能采用的技术方案和建设方案进行认真的技术经济分析和比较论证，对项目建成后的经济效益进行科学的预测和评价，为项目投资决策提供可靠的科学依据。

2.可行性研究的作用

作为建设项目投资决策的依据；作为编制设计文件的依据；作为向银行贷款的依据；作为建设单位与各协作单位签订合同和有关协议的依据；作为环保部门、地方政府和规划部门审批项目的依据；作为施工组织、工程进度安排及竣工验收的依据；作为项目后评估的依据。

(二) 可行性研究的阶段与内容

1.可行性研究的工作阶段

工程项目建设的全过程一般分为三个主要时期：投资前时期、投资时期和生产时期。可行性研究工作主要在投资前时期进行。投资前时期的可行性研究工作主要包括四个阶段：机会研究阶段、初步可行性研究阶段、详细可行性研究阶段、评价和决策阶段。

(1) 机会研究阶段。投资机会研究又称为投资机会论证，主要任务是提出建设项目投资方向建议，即在一个确定的地区和部门内，根据自然资源、市场需求、国家产业政策和国际贸易情况，通过调查、预测和分析研究，选择建设项目，寻找有利的投资机会。

(2) 初步可行性研究阶段。在项目建议书被国家计划部门批准后，需要先进行初步可行性研究。初步可行性研究也称为预可行性研究，是正式的详细可行性研究前的预备性研究阶段。主要目的有：① 确定是否进行详细可行性研究；② 确定哪些关键问题需要进行辅助性专题研究。

(3) 详细可行性研究阶段。详细可行性研究又称为技术经济可行性研究，是可行性研究的主要阶段，是建设项目投资决策的基础，是为项目决策提供技术、经济、社会、商业方面的评价依据，也为项目的具体实施提供科学依据。

（4）评价和决策阶段。评价和决策是由投资决策部门组织和授权有关咨询公司或有关专家，代表项目业主和出资人对建设项目可行性研究报告进行全面的审核和再评价。其主要任务是对拟建项目的可行性研究报告提出评价意见，最终决策该项目投资是否可行，并确定最佳投资方案。

2. 可行性研究的内容

一般工业建设项目的可行性研究包含11个方面的内容：总论；产品的市场需求和拟建规模；资源、原材料、燃料及公用设施情况；建厂条件和厂址选择；项目设计方案；环境保护与劳动安全；企业组织、劳动定员和人员培训；项目施工计划和进度要求；投资估算和资金筹措；项目的经济评价；综合评价与结论、建议。

可以看出，建设项目可行性研究报告的内容可概括为三大部分。第一是市场研究，包括产品的市场调查和预测研究，这是项目可行性研究的前提和基础，其主要任务是要解决项目的"必要性"问题；第二是技术研究，即技术方案和建设条件研究，这是项目可行性研究的技术基础，它要解决项目在技术上的"可行性"问题；第三是效益研究，即经济效益的分析和评价，这是项目可行性研究的核心部分，主要解决项目在经济上的"合理性"问题。市场研究、技术研究和效益研究共同构成项目可行性研究的三大支柱。

（三）可行性研究报告的编制

1. 编制程序

根据我国现行的工程项目建设程序和国家颁布的《关于建设项目进行可行性研究试行管理办法》，可行性研究的工作程序如下：

（1）建设单位提出项目建议书和初步可行性研究报告；

（2）项目业主、承办单位委托有资格的单位进行可行性研究分析；

（3）设计或咨询单位进行可行性研究工作，编制完整的可行性研究报告。

2. 编制依据

（1）项目建议书（初步可行性研究报告）及其批复文件；

（2）国家和地方的经济、社会发展规划，行业部门发展规划；

（3）国家有关法律、法规和政策；

（4）对于大中型骨干项目，必须具有国家批准的资源报告、国土开发整治规划、区域规划、江河流域规划、工业基地规划等有关文件；

（5）有关机构发布的工程建设方面的标准、规范和定额；

（6）合资、合作项目各方签订的协议书或意向书；

（7）委托单位的委托合同；

（8）经国家统一颁布的有关项目评价的基本参数和指标；

（9）有关的基础数据。

3. 编制要求

（1）编制单位必须具备承担可行性研究的条件；

（2）确保可行性研究报告的真实性和科学性；

（3）可行性研究的深度要规范化和标准化；

（4）可行性研究报告必须经过签证和审批。

三、水利水电建设项目经济评价

（一）水利水电建设项目经济评价的原则和一般规定

工程经济分析计算和评价是工程造价管理的重要内容和手段。在项目建设的各个阶段，工程经济分析与评价是决策的重要依据，也是方案比较、方案选择的重要基础。对于已建项目，经济评价是后评价的重要内容。

1. 进行水利水电建设项目经济评价时应遵循的原则

（1）进行经济评价，必须重视社会经济资料的调查、收集、分析、整理等基础工作。调查应结合项目特点有目的地进行。

（2）经济评价包括国民经济评价和财务评价。水利水电项目经济评价应以国民经济评价为主，也应重视财务评价。

（3）具有综合利用功能的水利水电建设项目，国民经济评价和财务评价都应把项目作为整体进行评价。

（4）水利水电项目经济评价应遵循费用与效益计算口径对应一致的原则，计及资金的时间价值，以动态分析为主、静态分析为辅。

2. 进行水利水电项目经济评价有如下规定

（1）经济评价的计算期，包括建设期、运行初期和正常运行期。正常运行期可根据项目具体情况或按照以下规定研究确定。

（2）资金时间价值计算的基准点定在建设期的第一年年初。投入物和产出物除当年利息外，均按年末发生结算。

（二）费用

进行水利水电建设项目经济评价时，费用（或投入、支出）主要包括固定资产投入、折旧费、年运行费、流动资金、税金、建设初期和部分运行初期的贷款利息等。

1. 固定资产投资

固定资产在生产过程中可以长期发挥作用，长期保持原有的实物形态，但其价值则随着企业生产经营活动而逐渐地转移到产品成本中去，并构成产品价值的一个组成部分。主要包括主体工程投资和配套工程投资两部分。

2. 折旧费

价值会因为固定资产磨损而逐步以生产费用形式进入产品成本和费用，构成产品成本和期间费用的一部分，并从实现的收益中得到补偿。折旧费最常用的方法是直线法，是指按预计的使用年限平均分摊固定资产价值的一种方法。这种方法若以时间为横坐标，金额为纵坐标，累计折旧额在图形上呈现为一条上升的直线，所以称它为"直线法"。

3. 摊销费

摊销费是指无形资产和递延资产在一定期限内分期摊销的费用，也指投资不能形成固定资产的部分。

4. 流动资金

流动资金是建设项目投产后，为维持正常运行所需的周转金，用于购置原材料、燃料、备品、备件和支付职工工资等。流动资金在生产过程中转变为产品的实物，产品销售后可得到回收，其周转期不得超过一年。

5. 年运行费

年运行费是指建设项目运行期间，每年需要支出的各种经常性费用，主要包括工资及福利费、材料费和燃料及动力费、维修养护费、其他费用。

年运费一般为工程投资的 1% ~ 3%。

(三) 效益

水利水电建设项目的效益可以分为对社会、经济、生态环境等各个方面的效益。进行水利水电建设项目经济评价时，效益主要包括以下几个方面。

1. 防洪效益

防洪效益应按项目可减免的洪灾损失和可增加的土地开发利用价值计算。

2. 防凌和防潮效益

北方地区水利水电建设项目的防凌效益，以及沿海地区的防潮效益，可以参照防洪效益计算方法，结合具体情况进行分析计算。

3. 治涝效益

治涝效益应按项目可减免的涝灾损失计算。

4. 治碱、治渍效益

治碱、治渍效益应结合地下水埋深和土壤含盐量与作物产量的试验或调查资料，结合项目降低地下水和土壤含盐量的功能分析计算。

5. 灌溉效益

灌溉效益是指项目向农、林、牧等提供灌溉用水可获得的效益，可按有、无项目对比灌溉措施可获得的增产量计算灌溉效益。

6. 城镇供水效益

城镇供水效益是指项目向城镇工矿企业和居民提供生产、生活用水可获得的效益，可按最优等效替代法进行计算，即按修建最优的等效替代工程，或实施节水措施所需费用计算城镇供水效益。

7. 水力发电效益

水力发电效益是指项目向电网或用户提供容量和电量所获得的效益，可按最优等效替代法或按影子电价计算。

8. 其他效益

如水土保持效益、牧业效益、渔业效益、改善水质效益、滩涂开发效益、旅游效益等，可按项目的实际情况，用最优等效替代法、影子价格法或对比有无该项目情况的方法进行分析计算。

（四）影子价格计算

影子价格是指在最优的社会生产组织和充分发挥价值规律作用的条件下，供求达到平衡时的价格。与现行价格比较，影子价格能更好地反映价值，消除价格扭曲的影响。采用影子价格进行经济评价时，各类工程单价、费用均应采用影子价格，以确定项目建设的影子价格费用和效益，并求得各项经济评价指标。

（五）费用分摊

对于综合利用水利水电建设项目，为了合理确定各个功能的开发规模，控制工程造价，应当分别计算各项功能的效益、费用和经济评价指标，此时需对建设项目的费用进行分摊。费用分摊包括固定资产投资分摊和年运行费分摊等。

（六）国民经济评价

国民经济评价从国家整体角度出发，采用影子价格，分析计算项目的全部费用和效益，考察项目对国民经济所做的净贡献，评价项目的经济合理性。

1. 费用

水利水电建设项目国民经济评价的费用包括固定资产投资、流动资金和年运行费。

2. 效益

水利水电建设项目国民经济评价的效益即宏观经济效益，包括防洪、灌溉、水力发电、城镇供水、乡村供水、水土保持、航运效益，以及防凌、防潮、治涝、治碱、治渍和其他效益。当项目使用年限长于经济评价计算期时，要计算项目在评价期末的余值（残值），并在计算期末一次回收，计入效益。对于项目的流动资金，在计算期末也应一次回收，计入效益。

3. 社会折现率

社会折现率定量反映了资金的时间价值和资金的机会成本，是建设项目国民经济评价的重要参数。水利水电建设项目，可采用 7％的社会折现率进行国民经济评价，也可供分析比较和决策使用。

4.国民经济评价指标和评价准则

水利水电建设项目国民经济评价，可根据经济内部收益率、经济净现值及经济效益费用比等指标和相应评价准则进行。

（七）财务评价

财务评价（也称为财务分析）是从水利水电建设项目本身的财务角度出发，使用的是市场价格，根据国家现行财税制度和现行价格体系，分析计算项目直接发生的财务效益和费用，编制财务报表，计算财务评价指标，考察项目的盈利能力、清偿能力和外汇平衡等财务状况，借以分析项目的财务可行性。

1.财务支出及总成本费用

水利水电建设项目的财务支出包括建设项目总投资、年运行费、流动资金和税金等费用。水利水电建设项目总成本费用包括折旧费、摊销费、利息净支出及年运行费。

2.财务收入和与利润总额

水利水电建设项目的财务收入包括出售水利水电产品和提供服务所获得的收入。项目的利润总额等于其财务收入扣除总成本费用和税金所得的余额。

3.财务评价指标和评价准则

水利水电建设项目财务评价，可根据财务内部收益率、投资回收期、财务净现值、资产负债率、投资利润率、投资利税率、固定资产投资偿还期等指标和相应评价准则进行。

第三节　水利建设项目设计阶段的造价管理

一、概述

按照我国水利水电工程建设程序，工程建设一般分为项目建议书、可行性研究报告、项目决策、项目设计、建设准备（包括招标设计）、建设实施、生产准备、竣工验收，以及后评价等阶段。按照全过程、全面工程造价管理的概念，水利水电工程造价管理贯穿工程建设程序的各个阶段，参与工程建设造价管理的主体包括政府有关部门、项目法人、咨询和设计单位、施工承包人、金融机构和其他有关单位等各个方面。

在设计阶段，初步设计是对拟建工程在技术、经济上进行全面安排。对于大中型水利水电工程一般采用三阶段设计，包括初步设计、技术设计、施工图设计。水利水电工程设计阶段工程造价管理的中心工作仍然是对造价进行前期控制。要通过优化设计，推行限额设计等，尽可能提高效益，降低投入。同时，在设计阶段，在初步设计中要编制工程概算，在技术设计中要编制修正概算，在施工图设计中要编制工程预算(利用外资的项目还应编制外资预算)，分阶段预先测算和确定工程造价。

(一) 工程初步设计程序

工程设计的主要内容包括以下各项。

(1) 水文、工程地质设计；

(2) 工程布置及建筑物设计；

(3) 水力机械、电工、金属结构及采暖通风设计；

(4) 消防设计；

(5) 施工组织设计；

(6) 环境保护设计；

(7) 工程管理设计；

(8) 设计概算。

这是在设计阶段进行工程造价管理的核心工作。初步设计概算包括从项目筹建到竣工验收所需的全部建设费用。概算文件内容由编制说明、设计概算和附件三个部分组成。

(二) 设计优化及开展限额设计

每一个项目都要做两个以上的设计方案，同时推行限额设计。好的设计方案对降低工程造价、提高经济效益、缩短建设工期都有十分重要的作用。

(三)设计方案技术经济评价

对每一种设计方案都应进行技术经济评价,论证其技术上的可行性,经济上的合理性。通过技术经济比较,从而优选出最佳设计方案。

(四)控制设计标准

在安全可靠的前提下,设计标准应合理。设计标准要与工程的规模、需要、财力相适应,该高的要高,不该高的不高,尽量节约资金,提高建设资金的保障度。

二、水利水电工程分类与项目组成及划分

(一)水利水电工程分类和工程概算组成

1. 工程分类

水利水电工程按工程性质分为枢纽工程、引水工程及河道工程。

(1)枢纽工程:① 水库工程;② 水电站工程;③ 其他大型独立建筑物。

(2)引水工程及河道工程:① 供水工程;② 灌溉工程;③ 河湖整治工程;④ 堤防工程。

2. 工程概算构成

水利水电工程概算由移民工程和环境工程两部分构成。

(1)工程部分:① 建筑工程;② 机电设备及安装工程;③ 金属结构设备及安装工程;④ 施工临时工程;⑤ 独立费用。

(2)移民工程:① 水库移民征地补偿;② 水土保持工程;③ 环境保护。工程各部分下设一级、二级、三级项目。

(二)水利水电工程项目组成及划分

水利水电工程概算,工程部分由建筑工程、机电设备及安装工程、金属结构设备及安装工程、施工临时工程、独立费用五部分内容组成。

三、水利水电工程费用构成

(一) 工程费用组成

水利水电工程费用组成如下:

工程费 (建筑及安装工程费、设备费)、独立费用、预备费、建设期融资利息。

(二) 建筑及安装工程费

建筑及安装工程费由直接工程费、间接费、企业利润、税金组成。

1. 直接工程费

直接工程费指建筑安装工程施工过程中直接消耗在工程项目上的活劳动和物化劳动。由直接费、其他直接费、现场经费组成。

(1) 直接费包括以下各项。① 人工费: 基本工资; 辅助工资; 工资附加费。② 材料费: 材料原价; 包装; 运杂费; 运输保险费; 材料采购及保管费。③ 施工机械使用费: 折旧费; 修理及替换设备费; 安装拆卸费; 机上人工费; 动力燃料费。

(2) 其他直接费: ① 冬雨季施工增加费; ② 夜间施工增加费; ③ 特殊地区施工增加费; ④ 其他。

(3) 现场经费: ① 临时实施费; ② 现场管理费。

2. 间接费

间接费指施工企业为建筑安装工程施工而进行组织和经营管理所发生的各项费用。它构成产品成本, 由企业管理费、财务费用和其他费用组成。

3. 企业利润

企业利润指按规定应计入建筑、安装工程费用中的利润。

4. 税金

税金指国家对施工企业承担建筑、安装工程作业收入所征收的营业税、城市维护建设税和教育附加费。

(三) 设备费

设备费包括设备原价、运杂费、运输保险费和采购及保管费。

(四) 独立费用

独立费用由建设管理费、生产准备费、科研勘测设计费、建设及施工场地征用费和其他费用五项组成。

(五) 预备费

预备费包括基本预备费和价差预备费。

(六) 建设期融资利息

根据国家财政金融政策规定，工程在建设期内需偿还并应计入工程总价的融资利息。

四、基础单价编制

在编制水利水电工程概预算投资时，需要根据施工技术及材料来源、施工所在地区有关规定及工程具体特点等编制人工预算价格，材料预算价格，施工用电、风、水价格，施工机械台时 (班) 费以及自行采购的砂石材料价格等，这是编制工程单价的基本依据之一。这些预算价格统称为基础单价。

(一) 人工预算单价

1. 人工预算单价内容

人工预算单价包括基本工资、辅助工资、工资附加费。

2. 人工预算单价计算标准

(1) 有效工作时间。年工作天数：251 工日；日工作时间：8 工时／工日。

(2) 基本工资。根据国家有关规定和水利部水利企业工资制度改革办法，并结合水利工程特点分别确定了枢纽工程、引水工程及河道工程六类工资区分级工资标准。按国家规定享受生活费补贴的特殊地区，可按有关规定计算，并计入基本工资。

(二)材料预算价格

1.材料原价(或供应价格)

材料原价是指材料的出厂价格、进口材料抵岸价或销售部门的批发价和市场采购价(或信息价)。在确定材料原价时，如同一种材料，因来源地、供应单位或生产厂家不同，有几种价格时，要根据不同来源地的供应数量比例，采取加权平均的方法计算其材料的原价。

2.包装费

包装费是为了便于材料运输和保护材料而进行包装所需的一切费用。包装费包括包装品的价值和包装费用。凡由生产厂家负责包装的产品，其包装费计入材料原价内，不再另行计算，但应扣回包装品的回收价值。包装器材如有回收价值，应考虑回收价值。地区有规定的，按地区规定计算；地区无规定的，可根据实际情况确定。

3.运杂费

材料运杂费是指材料由其来源地(交货地点)起(包括经中间仓库转运)运至施工地仓库或堆放场地上，全部运输过程中所支出的一切费用，包括车船等的运输费、调车费、出入仓库费、装卸费等。

4.运输损耗费

材料运输损耗是指材料在运输和装卸搬运过程中不可避免的损耗。一般通过损耗率来规定损耗标准。

5.采购及保管费

材料采购及保管费是指为组织采购、供应和保管材料过程中所需的各项费用。包括采购费、仓储费、工地保管费、仓储损耗。

6.检验试验费

检验试验费是指对建筑材料、构件和建筑安装物进行一般鉴定、检查所产生的费用，包括自设实验室进行实验所耗用的材料和化学药品等费用。

(三)电、水、风预算价格

1.施工用电价格

施工用电价格由基本电价、电能损耗摊销费和供电设施维修摊销费组成，按国家或工程所在省、自治区、直辖市规定的电网电价和规定的加价进行计算。

2.施工用水价格

施工用水价格由基本水价、供水损耗和供水设施维修摊销费组成，根据施工组织设计所配备的供水系统设备组（台）时总费用和组（台）时总有效供水量计算。

3.施工用风价格

施工用风价格由基本风价、供风损耗和供风设施维修摊销费组成，根据施工组织设计所配备的空气压缩机系统设备组（台）时总费用和组（台）时总有效供风量计算。

(四)施工机械使用费

施工机械使用费应根据《水利工程施工机械台时费定额》及有关规定计算。

(五)砂石料单价

水利工程砂石料由承包商自行采备时，砂石料单价应根据料源情况、开采条件和工艺流程计算，并计入直接工程费、间接费、企业利润及税金。

五、建筑安装工程单价编制

(一)工程单价的概念及分类

工程单价，是指以价格形式表示的完成单位工程量所消耗的全部费用。包括直接工程费、间接费、计划利润和税金等四部分。建筑工程单价由"量、价、费"三要素组成。

(二)建筑工程单价编制

1.编制依据

(1)已批准的设计文件；

(2)现行水利水电概预算定额；

（3）有关水利水电工程设计概预算的编制规定；

（4）工程所在地区施工企业的人工工资标准及有关文件政策；

（5）本工程使用的材料预算价格及电、水、砂、石料等基础价格；

（6）各种相关的合同、协议、决定、指令、工具书等。

2.编制步骤

（1）了解工程概况，熟悉施工图纸，收集基础资料，确定取费标准；

（2）根据工程特征和施工组织设计确定的施工条件、施工方法及设备配备情况，正确选用定额子目；

（3）根据本工程基础单价和有关费用标准，计算直接工程费、间接费、企业利润和税金，并加以汇总。

3.编制方法

建筑工程单价的计算，通常采用"单位估价表"的形式进行。单位估价表是用货币形式表现定额单位产品的一种表示，水利水电工程中现称为"工程单价表"。

（三）安装工程单价编制

安装工程费是项目费用构成的重要组成部分。安装工程单价的编制是设计概算的基础工作，应充分考虑设备型号、重量、价格等有关资料，正确使用安装定额编制单价。使用安装工程概算定额要注意的问题：一是使用现行安装工程定额时，要注意认真阅读总说明和各章说明。二是若安装工程中含有未计价装置性材料，则计算税金时应计入未计价装置性材料费的税金；三是在使用安装费率定额时，以设备原价作为计算基础。安装工程人工费、材料费、机械使用费和装置性材料费均以费率（％）形式表示，除人工费率外，使用时均不做调整。四是进口设备安装应按现行定额的费率，乘以相应国产设备原价水平对进口设备原价的比例系数，换算为进口设备安装费率。

第四节 水利建设项目招标投标阶段的造价管理

一、水利水电工程招标与投标

（一）建设项目招标投标及其意义

1. 招标与投标

建设工程招标是指招标人在建设项目发包之前，公开招标或邀请投标人，根据招标人的意图和要求提出报价，择日当场开标，以便从中择优选定中标人的一种经济活动。建设工程投标是工程招标的对称概念，指具有合法资格和能力的投标人根据招标条件，经过初步研究和估算，在规定期限内填写标书，提出报价，并参加开标，决定能否中标的经济活动。

2. 招标投标的意义

实行建设项目的招标投标是我国建筑市场趋向规范化、完善化的重要举措，对择优选择承包单位、全面降低工程造价，进而使工程造价得到合理有效的控制，具有十分重要的意义，具体表现在：

（1）通过招标投标形成市场定价的价格机制，使工程价格更加趋于合理。各投标人为了中标，往往出现相互竞标的现象，这种市场竞争最直接、最集中的表现为价格竞争。通过竞争确定出工程价格，使其趋于合理或下降，这将有利于节约投资、提高投资效益。

（2）能不断降低社会平均劳动消耗水平，使工程价格得到有效控制。投标单位要想中标，其个别劳动消耗水平必须是最低或接近最低，这样将逐步而全面地降低社会平均劳动消耗水平。

（3）便于供求双方更好地相互选择，使工程价格更加符合价值基础，进而更好地控制工程造价。

（4）有利于规范价格行为，使公开、公平、公正的原则得以贯彻，使价格形成过程变得透明和规范。

（5）能够减少交易费用，节省人力、物力、财力，进而使工程造价有所降低。

3. 建设项目强制招标的范围

(1) 我国《招标投标法》指出，凡在中华人民共和国境内进行下列工程建设项目，包括项目的勘察、设计、施工、监理以及与工程建设有关的重要设备、材料等的采购，必须进行招标。一般包括：① 大型基础设施、公用事业等关系社会公共利益、公共安全的项目；② 全部或者部分使用国有资金投资或国家融资的项目；③ 使用国际组织或者外国政府贷款、援助资金的项目。

(2) 原《工程建设项目招标范围和规模标准规定》对上述工程建设项目招标范围和规模标准又做出了具体规定。

① 关系社会公共利益、公众安全的基础设施项目；

② 关系社会公共利益、公众安全的公用事业项目；

③ 使用国有资金投资项目；

④ 国家融资项目；

⑤ 使用国际组织或者外国政府资金的项目；

⑥ 以上第 ① 条至第 ⑤ 条规定范围内的各类工程建设项目，包括项目的勘察、设计、施工、监理以及与工程建设有关的重要设备、材料等的采购，达到下列标准之一的，必须进行招标：a. 施工单项合同估算价在 200 万元人民币以上的；b. 重要设备、材料等货物的采购，单项合同估算价在 100 万元人民币以上的；c. 勘察、设计、监理等服务的采购，单项合同估算价在 50 万元人民币以上的；d. 单项合同估算价低于第 ①②③ 项规定的标准，但项目总投资额在 3000 万元人民币以上的。

⑦ 建设项目的勘察、设计，采用特定专利或者专有技术的，或者其建筑艺术造型有特殊要求的，经项目主管部门批准，可以不进行招标；

⑧ 依法必须进行招标的项目，全部使用国有资金投资或者国有资金投资占控股或者主导地位的，应当公开招标。

4. 建设项目招标的种类

(1) 总承包招标；

(2) 建设项目勘察招标；

(3) 建设项目设计招标；

(4) 建设项目施工招标；

(5) 建设项目监理招标；

(6) 建项目材料设备招标。

5. 建设项目招标的方式

(1) 从竞争程度进行分类，可以分为公开招标、邀请招标和直接发包。

① 公开招标，指招标人通过报刊、广播或电视等公共传播媒介介绍、发布招标公告或信息而进行招标，是一种无限制的竞争方式。

② 邀请招标，指招标人以投标邀请书的方式邀请特定的法人或者其他组织投标。受邀请者应为三人以上，邀请招标为有限竞争性招标。

③ 直接发包，指招标人将工程直接发包给具有相应资质条件的承包人，但必须经过相关部门批准。

(2) 从招标的范围进行分类，可以分为国际招标和国内招标。

(二) 水利水电工程招标

1. 工程招标条件

(1) 招标人已经依法成立；

(2) 初步设计及概算应当履行审批手续的，已经批准；

(3) 招标范围、方式和组织形式履行核准手续，已经核准；

(4) 有相应资金或资金来源，已经落实；

(5) 有招标所需的设计图纸及技术资料。

2. 建设项目招标程序

(1) 招标准备；

(2) 招标公告和投标邀请书的编制与发布；

(3) 资格预审；

(4) 编制和发售招标文件；

(5) 勘察现场与召开投标预备会；

(6) 建设项目投标；

(7) 开标、评标和定标。

(三) 水利水电工程承包合同的类型

水利水电工程施工合同按计价方法不同分为 4 种，即总价合同、单价合同、成本加酬金合同和混合合同。

二、水利水电工程标底编制

(一) 标底的含义和作用

标底是招标人根据招标项目的具体情况编制的，是完成招标项目所需要的全部费用。标底的作用包括以下几个方面。

(1) 标底是招标工程的预期价格，能反映出拟建工程的资金额度。标底的编制过程是对项目所需费用的预先自我测算过程，通过标底的编制可以促使招标单位事先加强工程项目的成本调查和预测，做到对价格和有关费用心中有数。

(2) 标底是控制投资、核实建设规模的依据。标底须控制在批准的概算或投资包干的限额之内。

(3) 标底是评标的重要尺度。只有编制了标底，才能正确判断投标者所投报价的合理性和可靠性，否则评标就是盲目的。因此，标底又是评标中衡量投标报价是否合理的尺度。

(4) 标底编制是招标中防止盲目报价、抑制低价抢标现象的重要手段。在评标过程中，以标底为准绳，剔除低价抢标的标书是防止这种现象有效措施。

(二) 标底的编制原则和依据

1. 编制标底应遵循的原则

(1) 标底编制应遵循客观、公正原则；

(2) 标底编制应遵循"量准价实"原则；

(3) 标底编制应遵循价值规律。

2. 标底的编制依据

(1) 招标文件；

(2) 概、预算定额；

(3) 费用定额；

(4) 工、料、机价格；

(5) 施工组织方案；

(6) 初步设计文件 (或施工图设计文件)。

(三) 标底的编制方法

当前，我国建筑工程招标的标底，主要采用以施工图预算、设计概算、扩大综合定额、平方米造价包干为基础的四种方法来编制：以施工图预算为基础；以设计概算为基础；以扩大综合定额为基础；以平方米造价包干为基础。

三、水利水电工程投标报价

投标报价的主要工作包括投标报价前的准备工作和投标报价的评估与决策两部分。

(一) 投标报价前的准备工作

1. 研究招标文件

(1) 合同条件：① 要核准投标截止日期和时间；投标有效期；由合同签订到开工允许时间；总工期和分阶段验收的工期；工程保修期等。② 关于误期赔偿费的金额和最高限额的规定；提前竣工奖励的有关规定。③ 关于履约保函或担保的有关规定，保函或担保的种类、要求和有效期。④ 关于付款条件。⑤ 关于物价调整条款。⑥ 关于工程保险和现场人员事故保险等规定。⑦ 关于人力不可抵抗因素造成损害的补偿办法与规定；中途停工的处理办法与补救措施。

(2) 承包人职责范围和报价要求：① 明确合同类型，不同类型承包人的责任和风险不同；② 认真落实要求报价的报价范围，不应有含糊不清之处；③ 认真核算工程量。

(3) 技术规范和图纸：① 要特别注意规范中有无特殊施工技术要求，有无特殊材料和设备技术要求，有无允许选择代用材料和设备的规定等；② 图纸分析要注意平、立、剖面图之间尺寸、位置的一致性，结构图与设备安装图之间的一致性，发现矛盾提请招标人澄清和修正。

2. 工程项目所在地的调查

(1) 自然条件调查：气象资料、水文及地质资料、地震及其他自然灾害情况、地质情况等。

（2）施工条件调查：工程现场的用地范围、地形、地貌、地物、标高、地上或地下障碍物，现场的"三通一平"情况；工程现场周围的道路、进出场条件；工程现场施工临时设施、大型施工机具、材料堆放场地安排的可能性，是否需要二次搬运；工程施工现场邻近建筑物与招标工程的间距、结构形式、基础埋深、高度；当地供电方式、方位、距离、电压等；工程现场通信线路的连接和铺设；当地政府对施工现场管理的规定要求，是否允许节假日或夜间施工。

（3）其他条件调查。

3.市场状况调查

（1）对招标方情况的调查。包括对本工程资金来源、额度、落实情况；本工程各项审批手续是否齐全；招标人员的工程建设经历和监理工程师的资历等；

（2）对竞争对手的调查；

（3）生产要素市场调查。

4.参加标前会议和勘察现场

（1）标前会议。标前会议也称为投标预备会，是招标人给所有投标人提供的一次答疑的机会，应积极准备和参加；

（2）现场勘察。是标前会议的一部分，招标人组织所有投标人进行现场参观，选派有丰富经验的工程技术人员参加。

5.编制施工规划

在进行计算标价之前，首先应制定施工规划，即初步的施工组织设计。施工规划内容一般包括工程进度计划和施工方案等，编制施工规划的原则是保证工期和质量的前提下，尽可能使工程成本最低，投标报价合理。

（二）投标报价的编制

1.投标报价的原则

（1）以招标文件中设定的发承包双方责任划分，作为考虑投标报价费用项目和费用计算的基础；

（2）以施工方案、技术措施等作为投标报价计算的基本条件；

（3）以反映企业技术和管理水平的企业定额作为计算人工、材料和机械台班消耗量的基本依据；

（4）充分利用现场考察调研成果、市场价格信息和行情资料编制基本价格，确定调价方法；

（5）报价计算方法要科学严谨，简明适用。

2. 投标报价的计算依据

（1）招标单位提供的招标文件、设计图纸、工程量清单及有关的技术说明书和有关招标答疑材料；

（2）国家及地区颁发的现行预算定额及与之配套执行的各种费用定额规定等；

（3）地方现行材料预算价格、采购地点及供应方式等；

（4）企业内部制定的有关取费、价格的规定、标准；

（5）其他与报价计算有关的各项政策、规定及调整系统。

3. 投标报价编制方法

编制投标报价的主要程序和方法与编制标底基本相同，但由于作用不同，编制投标报价时要充分考虑本企业的具体情况、施工水平、竞争情况、管理经验以及施工现场情况等因素进行适当的调整。

第五节　水利建设项目施工阶段的造价管理

一、业主预算

（一）业主预算及其作用

业主预算是初步设计审批之后，按照"总量控制、合理调整"的原则，为满足业主的投资管理和控制需求而编制的一种内部预算，或称为执行概算。业主预算主要作用包括：作为向主管部门或主列报年度静态投资完成额的依据；作为控制静态投资最高限额的依据；作为控制标底的依据；作为考核工程造价盈亏的依据；作为进行限额设计的依据；作为年度价差调整的基本依据。

（二）业主预算编制

1. 业主预算的组成

业主预算由编制说明、总预算表、预算表、主要单价汇总表、单价计算表、人工预算单价、主要材料预算价格汇总表、调价权数汇总表、主要材料数量汇总表、工时数量汇总表、施工设备台时数量汇总表、分年度资金流程表、业主预算与设计概算投资对照表、业主预算与设计概算工程量对照表、有关协议和文件组成。

2. 项目划分

业主预算项目原则上划分为 4 个层次。第 1 层次划分为业主管理项目、建设单位管理项目、招标项目和其他项目四部分。第 2、3、4 层次的项目划分，原则上按照行业主管部门颁布的工程项目划分要求，结合业主预算的特点，以及工程的具体情况和工程投资管理的要求设定。

3. 编制依据

编制依据包括行业主管部门颁发的建设实施阶段造价管理办法、行业主管部门颁发的业主预算编制办法、批准的初步设计概算、招标设计文件和图纸、业主的招标分标规划书和委托任务书、国家有关的定额标准和文件、董事会的有关决议和决定、出资方基本金协议、工程贷款和发行债券协议、有关合同和协议等。

4. 编制原则和方法

（1）当条件具备时。可一次编制整个工程的业主预算，也可分期、分批编制单项工程的业主预算，最后汇总成整个工程的业主预算；

（2）各单项工程业主预算的项目划分和工程量原则上与招标文件一致，价格水平与初步设计概算编制年份的价格水平一致；

（3）基础单价、施工利润、税金与初步设计概算一致，不易变动；

（4）其他直接费率、间接费率、人工功效、材料消耗定额及施工设备生产效率和基本预备费，可以调整优化。

5. 减少利息支出和汇率风险

水利水电工程工期较长，编制业主预算时，应注意实现合理使用资金，减少利息支出和汇率风险。

二、工程计量与支付

(一) 工程的计量

1. 计量的目的

计量是对承包人进行中间支付的需要；计量是工程投资控制的需要。

2. 计量的依据

监理工程师主要是依据施工图和对施工图的修改指令或变更通知，以及合同文件中相应合同条款进行计量。

3. 完成工程量计量

(1) 每月月末承包人向监理工程提交月付款申请单和完成工程量月报表；

(2) 完成的工程量由承包人进行收方测量后报监理人核实；

(3) 合同工程量清单中每个项目的全部工程量完成后，在确定最后一次付款时，由监理人共同核实，避免工程量重复计算或漏算；

(4) 除合同另有规定外，各个项目的计量方法应按合同技术条款的有关规定执行；

(5) 计量均应采用国家法定的计量单位，并与工程量清单中的计量单位一致。

(二) 工程支付

1. 工程支付依据

工程支付的主要依据是合同协议、合同条件、技术规范中相应的支付条款，以及在合同执行过程中经监理工程师或监理工程师代表发出的有关工程修改或变更的通知以及工程计量的结果。

2. 工程支付的条件

(1) 施工总进度的批准将是第一次月支付的先决条件；

(2) 单项工程的开工批准是该单项工程支付的条件；

(3) 中间支付证书的净金额应符合合同规定的最小支付金额。

3. 工程支付的方法

工程支付通常有 3 种方式，即工程预付款、中间付款和最终支付。

4. 工程支付的程序

(1) 承包人提出符合监理工程师指定格式的月报表;

(2) 监理工程师审查和开具支付书;

(3) 业主付款。

5. 工程支付的内容

工程支付的内容包括预付款、月进度付款、完工结算和最终付款 4 部分。

(三) 价格调整

水利水电工程项目施工阶段调整主要包括因物价变动和法规变更引起的价格调整。

(四) 工程变更

水利水电土建工程受自然条件等外界因素的影响较大,工程情况比较复杂,在工程实施过程中不可避免地会发生变更。按合同条款的规定,任何形式上的、质量上的、数量上的变动,都称为工程变更。它既包括工程具体项目在某种形式上的、质量上的、数量上的改动,也包括合同文件内容的某种改动。根据我国《建筑工程施工合同(示范文本)》的规定,工程变更包括设计变更和工程质量标准等其他实质性内容的变更。

三、索赔

(一) 工程索赔

建设工程索赔通常是指在工程合同履行过程中,合同当事人一方因对方不履行或未能正确履行合同,或者由于其他非自身因素而受到经济损失或权利损害时,通过合同规定的程序向对方提出经济或时间补偿要求的行为。

(二) 工程索赔的意义

在工程建设任何阶段都可能发生索赔,但发生索赔最集中、处理难度最复杂的情况发生在施工阶段。因此,我们通常说的工程建设索赔主要是指工程施工的索赔。合同执行的过程中，如果一方认为另一方没能履行合同义务或妨碍了自己履行合同义务或是当发生合同中规定的风险事件后，结果造成经济损失，此时受损方通常会提出索赔要求。显然，索赔是一个问题的两个方面，是签订合同的双方各自应该享有的合法权利，实际上是业主与承包商之间在分担工程风险方面的责任再分配。

索赔是合同执行阶段一种避免风险的方法，也是避免风险的最后手段。工程建设索赔在国际建筑市场上是承包商保护自身正当权益、弥补工程损失、提高经济效益的重要手段。许多工程项目通过成功的索赔，能使工程收入的改善达到工程造价的 10%~20%，有些工程的索赔甚至超过了工程合同额本身。在国内，索赔及其管理还是工程建设管理中一个相对薄弱的环节。索赔是一种正当的权利要求，它是业主、监理工程师和承包商之间一项正常的、大量发生而普遍存在的合同管理业务，是一种以法律和合同为依据、合情合理的行为。

（三）索赔的原则

（1）以合同为依据；

（2）以完整、真实的索赔证据为基础；

（3）及时、合理地处理索赔。

（四）索赔程序

（1）索赔事件发生后的 28d 内，向监理工程师发出索赔意向通知；

（2）发出索赔意向通知后的 28d 内，向监理工程师提交补偿经济损失和（或）延长工期的索赔报告及有关资料；

（3）监理工程师在收到承包人送交的索赔报告和有关资料后，于 28d 内给予答复；

（4）监理工程师在收到承包人送交的索赔报告和有关资料后，28d 内未予答复或未对承包人提出进一步要求，视为该项索赔已经认可；

（5）当该索赔事件持续进行时，承包人应当阶段性向监理工程师发出索赔意向通知。在索赔事件终了后的 28d 内，向监理工程师提供索赔的有关资料和最终索赔报告。

四、资金使用计划编制与控制

(一) 资金使用计划

资金使用计划是指为合理控制工程造价，做好资金的筹集与协调工作，在施工阶段，根据工程项目的设计方案、施工方案、施工总进度计划、机械设备，以及劳动力安排等编制的，能够满足工程项目建设需要的资金安排计划。资金安排计划能控制实际支出金额，能充分发挥资金的作用，能节约资金，提高投资效益。

(二) 施工阶段资金使用计划的编制

可采取按不同子项目编制资金使用计划和按时间进度编制资金使用计划两种方式进行。

第四章　水库大坝运行管理

第一节　水库大坝运行管理概述

一、水库大坝运行管理存在的问题

目前我国水库大坝运行管理的主要问题有以下 5 个方面。

(1) 水库大坝运行管理体制不健全。

(2) 水库泥沙淤积严重。

(3) 水库大坝存在安全隐患。

(4) 水库大坝风险预警管理体系缺乏。

(5) 水库管理信息化水平低。

二、水库大坝运行管理的内容

概括来说，水库大坝运行管理的任务是确保工程安全，充分发挥工程效益，因地制宜地开展多种经营，提高管理水平。确保工程安全，是水库大坝运行管理的首要任务；发挥工程效益，是运行管理的核心，也是兴建水库大坝的目的；提高管理水平，是水库大坝运行管理涉及多种学科知识的综合。针对水库大坝运行管理的现状和存在问题，水库大坝运行管理的主要内容有下列几个方面。

(1) 水库泥沙及管理。

(2) 水库调度包括防洪调度、兴利调度及优化调度等。

(3) 水库大坝安全监测。

(4) 水库大坝运行信息化建设。

(5) 水库大坝防汛抢险。

(6) 水库大坝安全鉴定及注册登记。

(7) 水库大坝经济运营管理。

(8) 水库大坝风险分析与管理。

第二节 水库泥沙管理

一、水库水流流态及泥沙淤积

水库库区内的水流流态通常分为两类，即壅水流态和均匀流态。

当挡水建筑物产生壅水而形成回水时，从回水末端到建筑物前水深沿程增大，流速沿程减小，这种水流流态称为壅水流态。当挡水建筑物不造成壅水或基本壅水时，库区内的水面曲线和天然河道的水面曲线接近，这种水流流态称为均匀流态。均匀流态下水流的输沙状态与天然河道相同，称为均匀明流输沙流态。壅水流态下的输沙状态可分为两种：如果含沙浑水进入壅水段后，泥沙扩散到水流的整个断面，这种输沙状态称为壅水明流输沙态；如果含沙浑水的浓度较高，细颗粒较多，进入壅水段后不与壅水段的清水混掺扩散，而是潜入清水下面，沿库底继续向前运动，有的甚至一直流动到坝前，这种水流称为异重流，此时的输沙流态称为异重流输沙流态。

水库泥沙的淤积问题包括泥沙的淤积数量、淤积部位和淤积形态3个方面，而泥沙的淤积部位和淤积形态又统称为淤积分布。

二、水库泥沙淤积的形态

水库淤积形态是多种多样的，影响水库淤积形态的主要因素有水库运用方式、库区地形、入库水沙条件、水库的泄流规模、泄流方式、库容的大小等因素。

(一) 纵向淤积形态

水库淤积的纵剖面形态是比较复杂的，但可概括为3种基本淤积形态：三角洲淤积、带状淤积和锥体淤积。实际淤积的纵剖面形态可能介于这3种形态之间，或同时兼有两种以上形态，这取决于水库的特定条件。现将这3种基本淤积形态分述如下。

1. 三角洲淤积

三角洲淤积体的纵剖面呈三角形形态。按其特征一般可分为4段：尾部段、顶坡段、前坡段和坝前淤积段。

三角洲淤积体主要出现在相对库容较大、来沙成分较粗、水库蓄水位变幅较小、库区地形开阔（如湖泊型水库）的水库中，如河北的官厅水库、黄河上游的刘家峡水库。

2. 带状淤积

带状淤积体的特征是淤积物均匀地分布在回水范围的库段上，呈带状均匀淤积。这种淤积形态沿程可分为3段：变动回水段、常年回水区行水段和常年回水区静水段。

带状淤积体的水库，坝前水位变幅必然很大，致使变动回水区的范围很长，并且变动回水区和常年回水区的范围也是变化的。对于来沙不多、颗粒较细、库区流速较大、库水位变幅较大，并且多呈周期性变动的水库，常为带状淤积。带状淤积形态多出现在河道型水库中，如吉林的丰满水库、山东的冶源水库。

3. 锥体淤积

锥体淤积的特征是淤积厚度自上而下沿程递增至坝前，坝前淤积厚度达到最大。一次洪水的淤积就可能到达坝前，淤积体形状就像一个锥体。形成这种淤积体的原因是库水位较低、壅水段短、进库含沙量高、底坡大。锥体淤积面的比降不同于三角洲顶坡段的河床比降，也不同于三角洲前坡比降。三角洲前坡大体是一个固定的比降，随着淤积的发展，三角洲前坡以同样的比降向坝前推进。而锥体淤积面比降是随着淤积发展而不断趋缓的，它不是一个固定的比降。多沙河流上的中小型水库多数是锥体淤积，少数大型水库，在一定条件下也会出现锥体淤积形态。

以上所述为3种基本的水库淤积形态，有些水库的淤积介于这3种基本形态之间，形成复合淤积形态，在研究水库淤积的现象和规律时，必须对具体情况做具体分析。

（二）横向淤积形态

修建水库后，通过单向淤积以及淤积之后的冲刷，水库的横断面形态

会发生极为复杂的变化。水库的横向淤积形态一般有以下几种基本形态:
① 全断面水平淤高; ② 高滩深槽; ③ 沿湿周均匀淤积; ④ 淤滩为主。

三、防治水库淤积的措施

防治水库淤积的措施,概括起来,不外乎拦(上游拦截,就地处理)、排(水库排沙,保持库容)、清(清除淤沙,恢复库容)等几方面的措施,现分述如下。

(一) 水库泥沙的拦截与合理利用

在水库上游加强水土保持工作,减少河流含沙量,是防治水库淤积的根本措施。除开展水土保持工作外,还可根据河流地形的特点,因地制宜地采取一些工程拦沙措施,以最大可能地减少入库泥沙。

1. 工程拦沙措施。

(1) 串(并)联水库。根据地形条件,修建串、并联水库,其中一座或多座水库主要用于滞洪拦沙,另一座水库主要用于蓄水,两库或多座水库联合调水、调沙运用。

(2) 旁侧水库。根据河道周围具体地形条件,如在河流一侧的宽阔滩地或弯道处修建旁侧水库,对清浑水分而治之。

2. 引洪淤灌和淤滩造地

在多沙河流上,除采取以上工程措施拦截泥沙外,还要在水库的上、下游,广泛开展引洪淤灌和淤滩造地用沙措施。

(二) 制定合理的水库排沙运用方式

通过水力排沙,将随当次洪水进入水库的泥沙尽可能多地排走,并将前期淤积下来的泥沙尽可能多地冲走。水库排沙运用方式有蓄清排浑运用、异重流排沙、浑水水库排沙等多种。

1. 蓄清排浑运用

蓄清排浑运用是指水库在汛期含沙量较高时设置排沙期,在排沙期水库降低水位运用或泄空水库,尽量将泥沙排出库外,以减轻水库淤积;非汛期含沙量较低时,则拦蓄径流,蓄水兴利。

2. 异重流排沙

水库异重流排沙的特点是：开始时出库水流含沙量大，排沙效率较高，但持续一段时间待洪峰降落后，出库水流含沙量就会逐渐下降，排沙效率也随之降低。因此，为提高异重流排沙效率，当异重流到达坝前时，应及时开闸，并加大出库泄量，洪峰降落后则应逐渐关闸减少出库泄量。根据一些水库的经验，异重流到达坝前时能否及时打开底孔，对异重流排沙效率影响很大。如果底孔提前打开，出库水流含沙量低，会造成水资源的浪费；如果底孔打开较迟，异重流在坝前就会受阻扩散，在水库下层形成浑水体，这部分浑水体若不能及时排走，泥沙就会落淤在坝前。由于异重流排沙不需要降低库水位，而且排沙效率高、成本低，所以国内外一些有条件的水库在汛期都尽可能地来利用异重流排沙，并研究如何进一步利用异重流提高排沙效率。

3. 浑水水库排沙

当异重流运动到坝前，泄流排沙底孔未能及时打开，或入库洪水流量超过出库洪水流量时，就会在水库清水的下层形成浑水体，这部分浑水体称为浑水水库。由于浑水中的泥沙沉速较小，浑水水库可以维持较长一段时间。若抓住此有利时机，打开泄流排沙底孔可将下层含沙量较高的浑水排出水库，这种排沙方式称为浑水水库排沙。

（三）采用水力工程措施清除库内淤沙

可采用以下水力工程措施清除库内淤沙：① 泄空冲沙；② 基流冲沙；③ 横向冲蚀；④ 虹吸清淤；⑤ 气力泵清淤；⑥ 挖泥船清淤。

第三节　水库大坝安全监测

水库大坝的安全监测是保证其安全运行的基础，我国许多水库大坝下游人口稠密，有重要的城市、广阔的农村、铁路公路交通干线，比其他工程对公众事业的安全有更大的影响，因此更需要加强水库大坝的安全监测。

一、水库大坝的变形监测

变形监测是水电工程安全监测的主要内容，一般可分为表面变形监测和内部变形监测两大类，其中表面变形监测项目主要包括竖向位移和水平位移监测，内部变形监测项目根据建筑物种类和特点主要有分层竖向位移、分层水平位移、界面位移、挠度和倾斜监测等。

变形监测正负号的一般规定为：水平位移以向下游和向左岸为正，向上游和右岸为负；竖向位移以向下为正，向上为负；裂缝和接缝的开合度以张开为正，闭合为负；近坝岸坡的滑动位移以向坡下及向左岸为正，以向坡上及向右岸为负；倾斜监测以向下游、向左岸转动为正，向上游、向右岸转动为负。

(一) 表面变形监测

1. 土石坝

土石坝的变形监测断面及测点应按照《土石坝安全监测技术规范》(SL 551-2012) 的相关要求进行布置。

(1) 监测断面布置。

① 横断面：一般不少于 3 个，且尽量布置在最大坝高或原河床处、合龙段、地形突变处、地质条件复杂处、坝内埋管和运行可能发生异常的部位。

② 纵断面：一般不少于 4 个，通常在坝顶的上、下游侧布设 1 ~ 2 个断面；上游坝坡正常蓄水位以上布置 1 个断面，正常蓄水位以下视需要设置临时监测断面；下游坝坡一般设 2 ~ 5 个观测断面；对于软基上的土石坝，在其下游坝坡外侧还应增设 1 ~ 2 个断面。

(2) 测点布置。

① 位移标点：一般布置在监测横断面和纵断面交点处。每个横断面的标点数量一般不少于 3 个。位移标点的纵向间距在坝轴线长度小于 300m 时，宜取 20 ~ 50m；大于 300m 时，宜取 50 ~ 100m。

② 工作基点：设在纵断面位移标点连线向两岸的延长线上，左右岸各一个。若坝轴线非直线或轴线长度超过 500m，可在坝体每一纵排标点中增

设工作基点，并兼作标点，工作基点的间距根据测量仪器类型选取。当坝轴线长度超过1000m时，有条件的，宜用边角网法或倒垂线法观测增设工作基点的水平位移。

③校核基点：在两岸同排工作基点连线的延长线上各设1～2个，必要时可采用倒垂线或边角网定位。

④水准基点：一般在土石坝下游1～3km处布设2～3个。

2. 混凝土坝

混凝土坝的变形监测断面及测点布置应符合《混凝土坝安全监测技术规范》(SL 601—2013)的有关要求。

(1)监测断面布置：

①横断面：横断面的布置应兼顾坝体和地基的变形观测，一般布置在最大坝高处、有代表性的坝段处、坝体结构或坝基地质条件复杂处，断面数视坝轴线长度而定。拱坝变形监测的横断面一般设于拱冠梁和拱端处，对于重要的拱坝或坝轴线较长的拱坝还应在1/4拱处增设断面。

②纵断面：要求与坝轴线平行，通常布置在坝顶及坝基廊道内，无纵向廊道时，也可布设在平行坝轴线的下游坝面上。当坝高较高时，可在坝体中部视需要增设断面。

(2)测点布置：

①位移标点：沿监测纵断面，在每个坝段、闸墩或垛墙设置一个位移标点，重要工程的伸缩缝两侧可各增设一个标点。

②工作基点：设于两岸平洞内或稳定岩体上。

③校核基点：可布置在坝肩灌浆廊道内，也可用倒垂线代替。

(3)表面变形监测方法：

①水平位移监测方法。水平位移常用的监测方法有视准线法、引张线法、激光准直法、边角网法、交会法及导线法等。

②竖向位移监测方法。竖向位移常用的监测方法有精密水准测量法、静力水准测量法及三角高程法等。

(二) 内部变形监测方法

1. 水平位移监测方法

(1) 测斜仪法。

(2) 钢丝水平位移计法。

2. 竖向位移监测方法

(1) 水管式沉降仪法。

(2) 振弦式沉降仪法。

(3) 连杆式分层沉降仪法。

3. 坝体挠度监测方法

挠度观测主要利用垂线进行，故又称为垂线观测。垂线是一根张紧的铅直钢丝，其一端固定，安装在坝内的井、管、空腔或坝体、坝基的钻孔中。坝体变形情况可通过不同高程安装的测点相对于垂线固定点的水平投影距离进行观测，垂线法的观测结果可以反映坝体的挠曲程度。顶端固定的垂线称为正垂线，底端固定的垂线称为倒垂线或反垂线。

4. 坝体、坝基倾斜监测方法

倾斜观测的方法大致可分为直接观测和间接观测两大类。

(三) 裂缝及接缝监测

1. 土石坝的裂缝监测

根据《土石坝安全监测技术规范》(SL 551—2012) 的规定，对已建坝的表面裂缝 (非干缩、冰冻缝)，缝宽大于 5mm、缝长大于 5m、缝深大于 2m 的纵、横向裂缝必须进行监测；缝宽小于 5mm，但较深、较长的裂缝，弧形裂缝，垂直错缝，穿过坝轴线的裂缝以及与混凝土建筑物连接处的裂缝也必须进行监测。裂缝监测的项目包括裂缝位置、长度、宽度和深度等。对在建坝，可在土体与混凝土建筑物及岸坡岩石接合处易产生裂缝的部位，以及窄心墙和窄河谷坝拱效应突出的部位埋设测缝计。

裂缝的位置可根据裂缝出现部位坝体桩号和距离，画出大小适宜的格子测量。裂缝的长度一般用皮尺沿裂缝的轨迹进行测量。裂缝宽度通常是沿裂缝选取几个有代表性的测点，在裂缝两侧各打一设钉头的木桩，间距以

50cm 为宜，通过测量钉头间距离的变化来监测裂缝宽度的变化，有时也可在裂缝处画出标记直接进行测量，观测时应尽量防止损坏测点处的缝口，为方便检查可在缝口喷洒少量石灰水。裂缝的深度可在裂缝附近选取适当位置，用钻孔的方法进行观测。

2. 混凝土面板堆石坝接缝监测

混凝土面板周边缝测点一般应布设在正常蓄水位以下，通常在最大坝高处布置 1 ~ 2 个测点，在两岸坡约 1/3、1/2 及 2/3 坝高处各布置 2 ~ 3 个测点。在岸坡较陡、坡度突变及地质条件差的部位应酌情增加测点。受拉面板的接缝也应布置测缝计，高程分布与周边缝相同，且宜与周边缝测点形成纵、横监测线。接缝位移测点应和坝体水平位移、竖向位移及面板应力应变监测结合布置，以便综合分析和相互验证。

接缝位移一般可采用旋转电位器式测缝计、振弦式测缝计等进行监测。接缝位移包括垂直于面板的挠曲、垂直于接缝的开合及平行于接缝的滑移三向位移。一般最大断面处的周边缝可监测其挠曲和开合度。两岸坡周边缝应选用三向测缝计；面板接缝有条件时也应选用三向测缝计。

3. 混凝土建筑物的裂缝监测

混凝土建筑物的裂缝监测包括裂缝的位置、长度、宽度、深度以及是否形成贯穿性裂缝等。裂缝位置及长度的观测，可在缝端用油漆画线做标记，也可在产生裂缝的混凝土表面绘制方格坐标，然后进行测量。裂缝深度一般用金属丝探测，有条件时可使用超声波探伤仪、钻孔电视摄像等技术手段观测。

裂缝宽度一般用放大镜测量，有时也用电阻片粘于裂缝上进行短期观测。而重要裂缝的宽度观测，一般是在裂缝两侧各埋设一个金属标点，两标点的距离不小于15cm，用游标卡尺测量两标点间距离的变化值，即裂缝宽度的变化值，精度可达 0.1mm。当需要更加精确地了解裂缝宽度变化的情况时，可在裂缝上安装固定百分表或千分表等精密量具进行观测。

二、水库大坝的渗流监测

渗流监测对于了解大坝在上下游水位、降雨、温度等环境量作用下的渗流规律以及验证大坝防渗设计具有重要意义。大坝渗流监测的项目主要有坝体浸润线、渗压、扬压力、绕坝渗流、渗流量以及渗流水质监测等。

(一) 渗压监测

1. 土石坝坝体渗压监测

坝体渗流压力监测的目的是确定监测断面上渗流压力的分布和浸润线的位置，以便对坝体的防渗效果做出判断。监测断面宜布置在最大坝高处、合龙段、地形或地质条件复杂或突变处，一般不应少于 3 个，断面间距可参照表面变形监测，对于坝长小于 300m 时，可取 20～50m；坝长大于 300m 时，可取 50～100m。

监测断面上的测点布置，根据坝型结构、断面大小和渗流场特征设 3～4 条监测铅直线，一般位置如下。

(1) 均质坝的上游坝肩、下游排水体前缘各一条，其间部位至少 1 条。

(2) 斜墙 (或面板) 坝的斜墙下游侧底部、排水体前缘和其间部位各 1 条。

(3) 宽塑性心墙坝，坝体内可设 1～2 条，心墙下游侧和排水体前缘各 1 条，窄塑性或刚性心墙坝，墙体外上下游侧各 1 条，排水体前缘 1 条，有时在墙体坝轴线上设 1 条。监测铅直线上的测点应根据坝高和需要监测的范围、渗流场特征，沿不同高程布置。

一般要求如下：

① 在均质坝横断面中部，心、斜墙坝的强透水料区，每条铅直线上可只设一个监测点，高程应在预计最低浸润线以下。

② 在渗流进、出口段，渗流各相异性明显的土层中，以及浸润线变幅较大处，应根据预计浸润线的最大变幅沿不同高程布设测点，每条铅直线上的测点数一般不少于 2～3 个。

2. 土石坝坝基渗压监测

坝基渗流压力监测的目的是监测坝基天然岩土层、人工防渗和排水设施等关键部位的渗流压力。

监测断面布置主要取决于地层结构、地质构造情况，断面数一般不少于 3 个，可以与坝体渗流压力监测断面相重合。

监测断面上的测点布置，可根据建筑物地下轮廓形状、坝基地质条件以及防渗和排水形式等确定，一般每个断面上的测点不少于 3 个。

3. 混凝土坝坝基扬压力监测

坝基扬压力监测布置通常需要考虑坝的类型、高度、坝基地质条件和渗流控制工程特点等因素，一般是在靠近坝基的廊道内设测压管进行监测。纵向（坝轴线方向）通常需要布置 1~2 个监测断面，横向（垂直坝轴线方向）对于 1 级或 2 级坝至少布置 3 个监测断面。

纵向监测最主要的监测断面通常布置在第一排排水帷幕线上，每个坝段设一个测点；若地质条件复杂，测点数应适当增加，遇大断层或强透水带时，在灌浆帷幕和第一道排水幕之间增设测点。

横向监测断面选择在最高坝段、地质条件复杂的谷岸台地坝段及灌浆帷幕转折的坝段。横断面间距一般为 50~100m。坝体较长、坝体结构和地质条件大体相同，可适当加大横断面间距。横断面上一般设 3~4 个测点，若地质条件复杂，测点应适当增加。若坝基为透水地基（如砂砾石地基），当采用防渗墙或板桩进行防渗加固处理时，应在防渗墙或板桩后设测点，以监测防渗处效果。当有下游帷幕时，应在帷幕的上游侧布置测点。另外也可在帷幕前布置测点，进一步监测帷幕的防渗效果。

坝基若有影响大坝稳定的浅层软弱带，应增设测点。如采用测压管监测，测压管的进水管段应设在软弱带以下 0.5~1m 的基岩中，同时应做好软弱带导水管段的止水，防止下层潜水向上渗漏。

（二）渗流量监测

当渗流处于稳定状态时，渗流量大小与水头差之间保持固定的关系。当水头差不变而渗流量显著增加或减少时，就意味着渗流出现异常或防渗排水措施失效。因此，渗流量监测对于判断渗流和防渗排水设施是否正常具有重要的意义，是渗流监测的重要项目之一。

常用的渗流量监测方法有容积法、量水堰法和测流速法，可根据渗流量的大小和汇集条件选用。

（三）渗流水质监测

渗流水的透明度测定和水质的化验分析，是了解渗流水源、监测渗流发展状况以及研究确定是否需要采取工程措施的重要参考资料。

（1）渗流水的透明度测定。渗流水透明度要固定专人进行测定，以避免因视力不同而引起误差。每次测定时的光亮条件应相同，光线的强弱和光线与视线的角度都应尽量一致，并避免阳光直接照射字板。正常情况下，渗流水的透明度测定可每月（或更长的时间）测定一次，但是，如果发现渗流水浑浊或出现可疑现象时，应立即进行透明度测定。透明度测定的方法可分为现场和室内两种。

（2）渗流水质的化验分析。渗流水质的化验分析可以了解渗流水的化学性质和对坝体、坝基材料有无溶蚀破坏作用，有时为探明坝基和绕坝渗流的来源，也可在大坝上游相应位置投放颜料、荧光粉或食盐，然后在下游取水样进行分析。

在下游渗流出口处取 1～2L 水样，用带玻璃瓶塞的广口玻璃瓶装水样，装入水样前先将玻璃瓶及瓶塞洗干净，再用所取渗流水至少冲洗 3 次。装入水样后，用棉线填满瓶口与瓶塞之间的缝隙，再用蜡进行封闭。最后，在瓶上标明采样地点、日期、时刻、化验分析的项目及目的，并迅速将水样提交化验单位进行分析。

三、水库大坝应力与温度监测

坝体应力是引起坝体裂缝的主要原因，也是影响坝体安全和整体稳定性的一个重要因素。

(一) 混凝土坝应力及温度监测

在对混凝土坝应力监测布置时，一般先选定监测坝段，在监测坝段内选定垂直于坝轴线的横断面作为观测断面，选定不同高程的水平截面作为观测截面，然后在监测断面和监测截面上布置测点。

1. 重力坝的应力测点布置

一般是在溢流坝段和非溢流坝段中各选一个监测坝段，对于重要的和地质情况复杂的工程，还可以增设监测坝段。在每个监测坝段上布置 1～2 个监测断面。布置 1 个监测断面时，常以通过坝段中心线的断面作为监测断面。对于特别重要的工程，可选互相平行且对称于坝段中心线的两个断面作为监测断面。在监测坝段上，除在靠近基础（距基础不小于 5m，以免测点受基坑不平和边界造成应力集中的影响）布置一个监测截面外，还可根据坝高、结构形式等条件，在不同高程布置几个截面，通常每个截面至少布置5个测点。测点距坝面不得小于3m，以免测点受短周期气温的影响。在有纵缝的坝体，可在纵缝的上、下游各1.5～2m处增设测点。

2. 拱坝应力监测点布置

一般可选择拱冠的悬臂梁和拱座断面作为监测断面。坝较高或基础复杂的工程，还可以在拱弧的1/4处取径向断面作为监测断面。在监测断面上，除在接近基础（距基础不小于5m）布置一排测点外，还应根据坝高等条件，在不同高程布置监测截面。各监测截面测点的布置，一般是在距上、下游坝面1m左右各布置一个测点，在中心布置一测点。对于厚度较大的拱坝，可以增加测点。中等高度（50m）以上的拱坝都应监测混凝土应力。

3. 坝体温度监测

（1）在需要监测温度的混凝土重力坝坝段的中心断面上，温度测点以网格方式布置。网格间距的大小以能够绘制出坝体温度等值线为准，一般为8～15m，对于坝高大于150m的高坝，网格间距可增至20m。重力坝引水坝段和宽缝重力坝温度测点的布置还应满足三维温度场监测的要求。

（2）拱坝的温度监测一般沿坝高布置3～7个水平监测断面，具体断面数可根据坝高确定。在水平监测断面和拱坝坝段中心断面的交线上布置温度测点，通常布置3～5个。另外，必要时在拱座应力监测断面上也可设置温度测点。

（3）重力坝纵缝和拱坝横缝的灌区需同时设置温度计和测缝计。

（4）支墩坝的温度测点布置在坝段不同高程的水平监测断面上，监测断面一般为3～5个。挡水坝段的测点数可比其他坝段适当增加。若支墩空腔的下游面密封，则可以在空腔内不同高程上布置测点监测温度。

4. 坝面温度监测布置

（1）坝面温度测点通常在离上游坝面5～10cm的混凝土内沿高程布置，测点间距一般为1/15～1/10的坝高，死水位以下测点的间距可视情况增大。多泥沙河流的库底水温由于受异重流影响，其死水位以下测点的间距则不宜增大。

（2）蓄水后的坝体表面温度监测值可作为坝前库水温使用。

（3）受日照影响的下游坝面可根据具体情况布置坝面温度测点。若拱坝的左右半拱日照条件差别很大时，需分别设置测点进行温度监测。

（二）土石坝孔压及土压力监测

1. 孔隙水压力观测

孔隙水压力监测断面应根据工程等级、坝体尺寸、结构型式、地形条件、地质条件等进行布置，一般布置在原河床、合龙段、地质地形条件复杂处。通常将测点水平布置成若干层，每层测点的距离取决于土石坝的结构形式及尺寸，以能得到孔隙水压力的等压线为原则，可分布在 3～4 个高程上，并尽量与渗流测点相结合。孔隙水压力观测设备应与固结观测设备布置在一个横断面上，至少选择 1～2 个横断面（其中包括最大断面），在每个横断面上应水平布置几排测点，排与排的高差为 5～10m，排的位置应尽量与固结管的测点在同一水平面上，每排测点的间距为 10～15m。固结管测点附近3～5m 处应布置孔隙水压力测点。

2. 土石坝的土压力观测

土压力的监测断面由大坝结构型式、地形地质条件等因素确定，一般工程可布置 1～2 个监测横断面，特别重要或坝轴线呈曲线的工程，经研究论证有必要时，可增加 1 个监测纵断面。土压力监测断面应与坝体孔隙水压力监测断面和变形监测断面结合布置。除布置土压力监测的横断面外，一般还应布置 2～3 个不同高程的水平监测断面。

土压力监测断面上各测点处监测仪器的布置方式根据实际情况确定。当监测垂直向或水平向土压力时，一般布置相应方向的单支土压计；当监测主应力和剪应力时，土压计应成组布置，且每组土压计的数量不能少于 2个。一般情况下监测到的是总土压力，若需推求有效土压力，则在测点处的土压力计附近再设置渗压计，各监测仪器之间应保持一定的距离。

为更好地分析土压力的监测成果，通常应在土压力测点附近取少量土样，测试其干密度和级配等物理指标，必要时还需进行强度试验。

四、监测资料的综合分析

监测资料分析利用原型观测资料，分析各效应量及环境量之间的关系，以便及时掌握水工建筑物的运行性态，并对其安全性态进行合理评价，从而保证大坝运行安全。监测项目的合理设置、监测仪器的正确埋设和监测资料的科学分析是及时、全面、正确掌握并评价建筑物安全性态的有效手段。

(一) 资料分析的范围

水库大坝安全监测项目类别繁多、点多面广，监测资料分析涉及多种因素，一般可划分为以下几类。

1. 按监测项目分类

监测资料分析包括环境量 (库水位、温度、降雨、波浪等)、变形 (大坝外观变形、内观变形、挠度、接缝与裂缝开合度、岩坡位移、坝基与洞室围岩变形等)、渗流 (渗流压力、绕坝渗流量、渗漏量、地下水位、渗流水质、地下洞室围岩渗流、边坡岩体渗流等)、应力应变 (混凝土应力、应变、锚杆与锚索应力、钢筋应力、孔隙水压力、土压力等) 等不同监测项目的资料整编、分析和评价。

2. 按建筑物类型分类

监测资料分析包括挡水建筑物 (重力坝、拱坝、土石坝、闸坝等)、泄水与引水建筑物 (溢洪道、引水隧洞、调压室、压力管道等)、发电建筑物 (地面厂房、地下厂房洞室群等)、坝基与坝肩、地下洞室、高边坡等部位不同监测项目的资料整编、分析和评价。

3. 按工程建设阶段分类

监测资料分析包括施工期、蓄水期、运行初期和运行期等阶段的监测资料整编、分析和评价。

(二) 资料分析的主要内容

对不同类型的水电工程或不同的监测项目，监测资料分析的侧重会有所不同，但基本内容一般包括以下内容。

1. 监测效应量的变化特性分析

监测效应量的变化特性主要分析监测值随时间的变化规律，包括测值的异常或突变、测值的变化趋势及周期、历史测值极值的大小及出现的时间、历史测值的变化率等内容。

2.环境量对监测效应量的影响分析

施工期侧重分析大坝填（浇）筑、边坡及地下洞室开挖与加固、温度、降雨、时效等环境量变化对监测量的影响；运行期侧重库水位、温度、降雨、时效等环境量的影响，特别是水位、温度等周期性变化量的滞后性、时效分量的变化趋势及变化速率等。

3.典型监测效应量的分布特性分析

沿坝轴线或不同高程的大坝表面变位和内部变位、防渗设施前后的渗压水位、不同坝段的坝基扬压力、坝体应力场、地下洞室的围岩变形与应力、高边坡变形、锚索及锚杆应力等分布规律、分布特性是否合理、有无异常部位等是监测资料分析中的重点和难点问题。

（三）监测资料分析的主要环节

1.资料收集

监测资料收集的完整性和可靠性是保证监测资料分析工程能够顺利开展的前提。应侧重收集的监测资料主要包括以下 4 类：

（1）监测仪器埋设及考证资料；

（2）监测数据资料；

（3）巡视检查资料；

（4）相关的设计与施工资料。

2.效应量转换

大坝内观仪器测值是物理量读数，需采用公式转换为效应量，转换公式分为钢弦式和差动电阻式两类。

3.资料整编与预处理

资料整编包括日常资料整理与定期资料编印。日常资料整理的重点是：查证原始监测数据的正确性与准确性，进行监测物理量计算，填好监测数据记录表格并点绘监测物理量过程线图，考察监测物理量的变化，初步判断是否存在变化异常值。定期资料编印，在日常资料整理的基础上进行监测物理量的统计，绘制各种监测物理量的分布与相互间的相关图线，整理成册并附编写说明书，同时在册子中应附加巡视检查中发现的异常现象以及所采取的处理措施。

仪器设备、人员读数等多种影响因素都可能导致原始监测资料出现误差，资料分析时应先对其进行合理的整编预处理，主要包括以下内容：① 误差的分类，坝工界常按性质的不同将误差分为随机误差、系统误差和粗大误差 3 类；② 异常数据的识别，常用过程线法、拉依特准则、Gurbbs 准则、Dixon 检验法和 t 检验法 5 种方法。

4. 监测资料分析

监测资料分析主要包括定性分析、定量分析和安全评价三部分。

（1）定性分析。定性分析主要包括比较法、作图法和特征值统计法，侧重判断监测量变化的合理性，找寻主要的影响因素。

① 比较法。比较法通过对比分析检验监测物理量量值的大小及其变化规律判断是否合理，或建筑物所处的状态判断是否稳定。

② 作图法。通过绘制监测物理量的过程线图，或特征过程线图、综合过程线图、相关图、分布图等，可直观地了解监测物理量的变化规律，判别有无异常现象。

③ 特征值统计法。揭示监测物理量变化规律特点的数值称为特征值，借助于对特征值的统计与比较辨识监测物理量变化规律是否合理并得出分析结论。

（2）定量分析。定量分析方法主要是各种数学物理模型分析法，是建立原因量（如库水位、气温等）与效应量（如位移、渗流压力、测压管）之间关系的定量分析方法，包括正分析和反分析两大类。

正分析通过构建数学模型，从定量的角度出发分析监测量的变化规律及环境量对监测量的影响程度，以判断大坝、洞室或边坡的安全性态。反分析的过程和正分析刚好相反，根据实测资料，将原计算中采用的试验参数作为未知量反演求解，以获取结构与基础的实际物理力学性能。

（3）安全评价。监测资料分析的最终目的是对水工建筑物的安全性态做出科学、及时的评价。水工建筑物安全评价主要涉及安全评价指标体系构建和评价的方法选择两方面，包括单项关键指标评价和综合评价两大类。

单项关键指标系指影响建筑物安全的关键指标，即当指标不满足要求时，建筑物就会出现安全问题。单项关键指标评价常采用"一票否决"的预警模式，预警值通常结合设计规范和设计标准等综合确定。综合评价则侧重考虑结构与地基在长期自然环境和使用环境的双重作用下，通过全面评估其损伤的规律和程度以评价结构与地基的安全性。

第四节　水库信息化

水库信息化就是把水库的所有信息装进计算机里，并根据这些信息将水库在计算机里模拟，做出一个虚拟对照体，通过此模拟体对水库治理开发和管理进行分析和研究，为水库的各种决策提供技术支持。

简单来说，就是借助全数字摄影测量、遥测、3S 技术等现代化信息技术，和水库信息资源融合利用，构建一体化的数字集成平台和虚拟仿真系统，为水库运行管理提供决策支持。水库信息化的特点即为融合、集成、共享和决策。

一、水库信息化的内容

一般来讲，水库信息化至少包括 5 个方面，即信息采集、信息传输、信息资源中心、虚拟仿真和决策支持。对应以上 5 个方面的内容，水库信息化系统可依次划分为决策层、分析层、信息层、传输层和数据层 5 个层次。

二、水库信息化的应用

根据水库的一般功能，水库信息化主要应用在以下 5 个方面：河床演变分析、防汛减灾、水库供水调度、水库大坝安全监测和水库信息登记及网站建设。

河床演变分析信息化主要针对水库河道水下 / 水上原始地理信息、演变过程测量数据、河道断面测量数据进行数字化管理，建立河道冲淤变化、库容变化过程的可视化信息处理系统，为水库安全运行和提高管理效益提供信息服务和决策依据。

防汛减灾信息化主要包括雨情预报、洪水预报、防洪调度、洪水演进、制定防汛预案。其中，准确超前的雨情预报，是做好防洪调度措施的关键前提。根据雨情预报，通过数字水库模拟系统可进行洪水预报。根据洪水预报结果，可在计算机上进行多方案模拟调度运用，从中选择防洪调度最优方案。

水库供水调度信息化管理是为了使有限的水资源得到科学合理的分配，基于3S和数字高程模型技术，建立河道三维数字模型，可综合表达流域水文要素和各种地理实体的空间分布，准确模拟洪水演进。根据洪水演进结果，可提前做好物料、人员、机械设备等抢险准备工作，变被动防洪为主动防洪，可大大降低下游滩区的洪水损失及防洪工程出险的概率。具体来说要做以下工作：枯水期径流预报，水库生态模拟系统建立，水资源实时调配，引水口门的自动监控系统建立，地下水观测系统建立。

水库大坝安全监测信息化主要针对大坝的变形、位移、渗压和温度等特征值进行数据采集和数据分析，并将相关数据共享给其他智能预测分析系统，实现对大坝安全监测监控数据和信息的自动化管理、全面化分析和智能化预测。水库大坝安全监测信息化系统监测对象应覆盖坝基、坝身、两岸边坡和引水系统等部位。

水利部大坝安全管理中心目前已开发建成"全国水库大坝基础数据库"，并采集了全国9.6万多座水库大坝基础数据，首次建成了四大类基础信息的长系列、全要素、完整的国家水库大坝数据库，可以实现水库大坝基础数据的便捷查询、分类统计等服务，为水库大坝运行决策提供信息支撑。互联网已经成为当今世界的第四传媒，建设水库网站是水库的发展、信息发布、宣传和对外交流的重要手段，可以提供一个信息发布、信息共享的途径和日常业务管理平台，实现资源共享、数据交互、协同处理、安全管理和统一认证服务。

三、水库信息化的前沿

传统上，水库信息化建设采用电子信息技术、计算机网络、数据库、软件工程、地理信息系统、系统集成等技术。近年来，物联网、云计算和大数据等信息技术逐渐成为发展趋势，应用这些新型信息化技术将推动水库信息化建设工作的显著发展。

因此，水库大坝信息化建设可以从以下几个方面开展研究与实践。

（1）基于物联网的数据采集装置，减少水情遥测、大坝安全监测等系统建设成本，提高系统可靠性和易用性，降低系统维护工作量。

（2）深入研究云计算和大数据技术，提高水库大坝建设全过程的数字化管理水平和科学决策能力，研制开发"全国水库大坝安全信息大数据分析系统"，并将其应用到水库大坝安全分析与预警中。

（3）深入研究面向服务的体系结构技术，根据水库大坝安全管理信息化框架，开发具有自主产权的、松耦合的水库大坝安全管理标准化组件。

参考文献

[1] 廖昌果.水利工程建设与施工优化 [M].长春：吉林科学技术出版社，2021.

[2] 张长忠，邓会杰，李强.水利工程建设与水利工程管理研究 [M].长春：吉林科学技术出版社，2021.

[3] 贾志胜，姚洪林，张修远.水利工程建设项目管理 [M].长春：吉林科学技术出版社，2020.

[4] 牛广伟.水利工程施工技术与管理实践 [M].北京：现代出版社，2019.

[5] 姬志军，邓世顺.水利工程与施工管理 [M].哈尔滨：哈尔滨地图出版社，2019.

[6] 袁云.水利建设与项目管理研究 [M].沈阳：辽宁大学出版社，2019.

[7] 中国水利水电勘测设计协会.建设工程造价案例分析（水利工程）[M].郑州：黄河水利出版社，2019.

[8] 张子贤，王文芬.水利工程经济 [M].北京：中国水利水电出版社，2020.

[9] 马福恒.水库大坝安全评价 [M].南京：河海大学出版社，2019.

[10] 何勇军.水库大坝运行调度技术 [M].南京：河海大学出版社，2019.